周由賢談直銷

第一次做直銷就上手

直銷大師
周由賢 著

推薦序一

由賢兄在國內直銷產業界，以積極、陽光的專業經理人形象著稱。其長期在直銷產業的經營績效及產業公益事務的熱心付出，令人佩服。

在我擔任行政院公平交易委員會副主任委員，尤其兼任直銷產業小組召集人期間，對於產業政策的擬定，或是國際事務的推動，由賢兄盡心參與意見，至今仍心存感激。

由賢兄在直銷產業耕耘多年，出過不少相關著作，不管是直銷專業，或是個人工作的心路歷程，可說本本精彩，總能獲得市場的熱烈回應。

這次由賢兄重出江湖，應邀成為多特瑞公司的合夥人並兼國際市場總裁一職，適才適所，亦可見由賢兄對直銷的鍾情。新近這本《第一次做直銷就上手——周由賢談直銷》，或可說是其傾其畢生在直銷產業心術的結晶。相信這本書對有意經營直銷，或是對經營直銷猶一知半解的新手，定能有一清楚的輪廓，避免誤入非法直銷的陷阱。

衷心祝願本書能有好的銷售成績，也祈願這本書的發行能對直銷推廣多貢獻一分心力。

陳紀元

（作者現任漢獅集團會長）

推薦序二

　　台灣公平交易法於1991年公佈，1992年開始實施，多層次傳銷管理辦法也跟著公佈實施，我也於1993年開始接觸直銷、研究直銷。那時候為了研究、瞭解直銷，和直銷協會有比較多的互動，後來就認識時任美商如新公司台灣分公司的周由賢總裁。他對於我推動直銷學術研究給予極大的肯定和支持，不論是以如新公司總裁的身份，還是後來他擔任中華民國直銷協會理事長的時候，對於國立中山大學直銷學術研發中心都慷慨捐款，贊助直銷學術研究和學術活動。每一年的直銷學術研討會他都會參加，有時擔任致詞貴賓，有時擔任論文研討會的主持人或評論人。即使後來直銷學術研討會發展到在兩岸舉行，他也會熱心的到大陸與會，在會議中熱烈發言，贏得兩岸直銷界朋友的重視與肯定。大陸的山東教育衛視電視台也邀請他去為「名家論壇」節目錄製一系列的節目在全大陸播出，並發行DVD，為直銷的正面形象加分不少！除此之外，周由賢總裁還努力將他的直銷經營心得寫成書籍出版，幾年前出版《直銷小百科》，暢銷海內外的華人直銷界！現在他又著手撰寫《第一次做直銷就上手——周由賢談直銷》，相信以他在直銷界的豐富歷練，一定可以給大家帶來很大的啟發和參考！

陳得發

（國立中山大學企管系教授及系主任、中華直銷管理學會創會理事長、
中華民國直銷協會商德約法督導人、開南大學商學院院長）

推薦序三

　　由賢兄又出書了，我與他認識超過20年，他一直就是個閒不下來的人，沒想到日前又接到邀請，要為他的新書再「序」一番，足見他不僅停不下腳步，而且效率驚人，活力與精神令人感佩。

　　直銷業雖然在台灣已經發展至成熟階段，但仍有許多人對其誤解，不知道直銷是助人圓夢的最佳管道，也有些人想經營，卻不曉得如何挑選適合的直銷公司，不懂得如何啟動個人的直銷事業。由於種種對直銷的錯誤認知與一無所知，而和一個可以改變人生的契機錯身，看在我們這些資深直銷專業經理人眼中，實感遺憾。

　　我一直期待，市場上可以有本書將直銷的來龍去脈以及經營Know-How，一次說個清楚，讓更多人因為瞭解直銷而愛上直銷。然而這是一個浩大的工程，除了資料庫要夠充實豐富，本身對於直銷的認識也要相當深入，才能給讀者清楚的導引。放眼直銷界擁有這樣資歷與心力的人，由賢兄當屬不二人選。

　　欣見本書之問世，期待藉著書中的觀念釐清還直銷一個公道，也期待更多有志菁英加入，參考本書中所揭的經營技巧，成功開創屬於自己的直銷藍天，進而帶動直銷產業的蓬勃發展。我相信，這也是由賢兄著作本書之宏旨；微言大義，意涵深廣，值得所有直銷人一讀。

劉樹崇

（中華民國直銷協會第八、九屆理事長）

　　本世紀最權威的管理學者彼得杜拉克曾說：當前企業間的競爭，不是產品和產品之間的競爭，而是商業模式的競爭。

　　無論是從蘋果的I系列商品引起的科技革命，facebook帶動的社群網絡風潮，在在都驗證唯有透過商業模式的創新和提升，才能提升企業的核心競爭力，創造市場發展優勢。

　　直銷，也是眾多商業模式中的一種，一種以人做為行銷通路，以消費即能創業概念延伸的商業模式，有效運用和發揮此種商業模式的特性和優勢，不僅能幫助企業直搗市場核心，高效的拓展和深耕消費群體，同時也能幫助許多渴望改變生命的個人，透過此種零風險的自主創業模式實現人生的夢想。

　　然而，要能將任何商業模式運作成功，則必須深度了解此種商業模式的特性，運作方式，以及其中的成功關鍵。如果只是選對了商業模式，而沒有相對掌握該商業模式的核心精髓，無論是企業或個人，勢必無法發揮此種商業模式的優勢。

　　周總可以說是對台灣直銷產業發展參與最深入、資歷最完整、貢獻最多的前輩之一，經歷了台灣直銷產業從無到有，從小到大，從萌芽到成熟，可以說是業界的活字典，由他親自執筆完成這本《第一次做直銷就上手——周由賢談直銷》勢必對所有直銷產業，無論企業或個人，都具備極大的幫助和絕對的參考價值。

　　小弟有幸先拜讀周總的大作，發現本書從直銷商業模式的深

度剖析，直銷產業在台灣和世界的發展，對於直銷未來發展的趨勢，到如何成功經營直銷企業的市場戰略，甚至以絕對的高度深入探討如何經營直銷事業的實戰方法，從起步到進階，巨細靡遺，深入淺出的引領渴望在直銷領域成功的夥伴一窺堂奧。

　　我誠摯地推薦每位產業內或對直銷感興趣的夥伴，一定要將本書做為必讀的經典，如果您是新人，讀完之後將會對直銷產生全面性的理解，讓自己走在正確的經營方向和道路；如果您是經營了一段時間的夥伴，讀完之後將會發現自身的盲點，幫助您快速調整和修正；如果您是高階領袖，讀完之後會讓您對產業的視野和高度全然不同；如果您是企業的經營者或管理階層，讀完之後將能從產業發展面向、公司經營面向和經銷商面向發展全面性的思維。

時台明

（《直銷人》雜誌發行人）

自 序

　　四年前，我從直銷專業經理人的身份退休，離開工作了16年的美商如新公司，也暫別我投注29年歲月的直銷職場。

　　回首近30年來，我一路看著直銷業從過街老鼠變成圓夢天堂，從旁門左道變成明星通路，值得欣慰的是，在其形象蛻變的過程中，有我的努力、我的軌跡。

　　當年在一片不看好聲中，我從美商明星企業3M轉至在台灣剛萌芽的直銷公司安麗服務，一開始連名片都不敢拿出來示人，朋友們也不太敢接我電話，生怕我拉他們進「老鼠國」。但我知道，直銷絕對不是當時大家所想像的那樣；憑著多年闖蕩江湖練就的敏銳度，我也相信，直銷必然是未來的通路趨勢，一定大有可為。而我又能為它做些什麼呢？

　　從安麗到如新，在我機緣成熟、可以發揮更多影響力之後，除了在電視台製作「創業有道話直銷」談話性節目，撰寫《直銷小百科》、《直銷小百科實戰策略》、《直銷小百科成功小故事》等三本書，幫助社會大眾釐清對直銷的迷思，重新認識直銷之外，更和幾位同業先進，包括此次慨允撰寫推薦序的樹崇兄，開始為直銷之正名而疾呼奔走。

　　當時法令還不准許直銷成立正式的產業組織，於是我們先以聯誼會的方式運作，凝聚正派經營業者的力量，共同向社會發聲；另一方面，也持續和政府部門溝通，以務實作為爭取認同，終於獲

准成立直銷協會。

21年來，協會在提升產業形象、促進產業利益方面的成績有目共睹，而我也有幸擔任第六和第七屆的理事長，在這期間，主管機關公平會修法、健康食品管理辦法頒佈……每個關鍵時刻，我都參與見證，成為我直銷生涯裡非常重要的一段經歷。

而在如新擔任台灣分公司總裁、大中華區副總裁期間，我實際參與一家直銷公司的成立與成長，幫著它從無到有，帶著它從有到旺，看著許多直銷夥伴在這裡改造自己、改善健康、改變人生，我更深信，這個事業值得更大的推廣，這個產業值得更多的尊重。

卸下如新公司的管理職之後，本應過著閒雲野鶴的生活，但我始終未能忘情於直銷，也認為自己在產業的經驗應該傳承，於是我把自己的成長經歷和工作心得，以類似自傳的方式寫成《把困難當挑戰》一書，並發行至中國大陸、馬來西亞等華人直銷重點發展地區；同時還應邀在山東電視台的帶狀節目「名家論壇」開闢直銷講座、發行DVD，成為在大陸電視台開講直銷的第一人；另一方面，我也持續為中華直銷管理學會奉獻心力，期望直銷學術研究的根能紮得更深更穩，成為提振產業形象的柱石。然而，這樣就夠了嗎？

在直銷產業發展成熟的台灣，幾乎每五人就有一人參加過直銷，但很多人在直銷領域進進出出、跌跌撞撞，心裡鍾愛，卻因為不夠瞭解直銷，找不到切入的方法，沒有做好心理建設，未能達到預期目標，而由愛生怨、生恨。這時候，如果有人或者有工具書可

以給予正確的教導指引、適當的扶持激勵，我相信，結果一定不一樣。

這些想法成為觸發我撰寫本書的因子，毫無疑問的，「實戰策略」是本書極重要的單元，從計畫、起步、到進階，經營直銷的每個步驟、每個戰略，在這裡你都可以找到參考的作法。

坊間關於直銷實戰的著作不少，但沒有一本把直銷產業發展的前因後果說得完整，事實上唯有在真正認識直銷之後，你才知道直銷何等可愛、何等值得投注青春，才知道如何反駁不實的指控、站穩啟動的腳步。因此，本書特別加入了「認識直銷」單元，帶你一窺趨勢，為你一一解惑。

最後，「總裁心語」單元是我個人三十多年來在不同職場、成為開路先鋒的經驗與體會，裡面有我面對挫折的辛酸，有我克服困難的超越，每一則都是真實的故事，希望能給在直銷路上匍匐前進的夥伴們，帶來精神上的激勵與啟發。

這本書涵蓋面極為廣泛，每一個單元幾乎都可以自成一書，因此花了我不少時間蒐集整理，再融入個人過去的經驗；由於想說的太多，使我必須像提煉精油的過程一樣，從龐雜的資料中，萃取出最精華的部分，以精簡的文字，和讀者分享。

有人問我：「幹嘛這麼辛苦呢？」我的回答是：「沒辦法，就是愛啊！」

周由賢

認 識 直 銷 /17

趨 勢 篇

管 理 篇

CONTENTS

目 錄

市場 篇

企業 篇

實戰策略 /75

計畫篇

起步篇

進階篇

總裁心語 /149

認識直銷

美國知名經濟學家保羅·皮爾澤（Paul Zane Pilzer）說：

創造財富的手法五花八門，但直銷是最佳起跑點。

而您知道什麼是直銷？

直銷為什麼大行其道嗎？

掌握經濟脈動、行銷趨勢，

您不能不好好地認識直銷。

趨勢篇

1. 直銷是什麼？

直銷（Direct Selling），按照世界直銷聯盟（WFDSA）的定義，直銷是直接將產品及服務銷售給消費者，銷售地點通常是在消費者或他人家中、工作場所，或其他有別於永久性零售商店的地點。直銷通常由獨立的直接銷售人員進行說明或示範，這些銷售人員通常被稱為直銷商（Direct Sellers）。

直銷的力量在於其在自由市場體制中擁有獨立、服務消費者、致力創業成長的傳統，提供人們另一種收入來源，而且不限性別、年齡、教育程度、經歷，都能加入這個行業。

多層次傳銷（Multi-Level Marketing）是眾多直銷方式中的一種，大部分的直銷商都是以多層次傳銷為銷售通路，

向消費者銷售物品。所以，一般人對直銷業的印象就是多層次傳銷，通稱為「傳銷業」。

1886年，「加州香氛」公司創立（即現在的雅芳公司），以人員直銷的方式銷售香水，後來其經營業務又逐漸擴展到美容護膚品，許多人認為這是單層次直銷的伊始。

1945年，李‧麥汀傑和威廉‧卡森伯兩人創立紐崔萊公司「Nutrilite」，開始採用多層次傳銷的方式銷售其營養補充食品。1959年，理查‧狄維士和傑‧溫安洛成立安麗公司，迅速成長為美國最大的直銷企業。

隨著安麗等公司的成功，模仿多層次傳銷制度的非法欺詐公司也紛紛出現。1964年，假日魔術公司以拉人頭、強行塞貨等方式取得快速發展，但也引起了大量社會問題，被稱為「老鼠會」。1971年，美國聯邦貿易委員會控告假日魔法公司違法，使其被取締。

老鼠會在美國以外地區同樣引起巨大危害，相繼被取締，這也促使各國紛紛立法對直銷加以管理。1979年，美國聯邦貿易委員會裁決安麗的銷售計劃合法；之後，直銷在世界各國逐步步入正軌，成為傳統行銷以外的一個重要銷售通路。

2. 直銷和傳統行銷有何不同？

直銷公司透過獨立直銷商的個人人際關係，發展成廣而深的網狀組織，經過直銷公司提供的產品，以親善的銷售方式向外推薦，直銷商們從此得到產品銷售的利潤，更進一步輔導有意加入組織的會員成立另一個行銷網，直銷商可再從輔導下線而獲得的整組業績，來取得公司的獎勵回饋。

簡單地說，這些獨立直銷商有兩個獲利方式，一個是產品銷售的利潤，另一個是推薦他人發展新的銷售網，以各公司不同的制度來獲取獎勵。直銷商推薦產品給顧客，顧客得到的不只是優良的產品，同時也掌握了一個創業機會，對直銷商或顧客而言，都是一個雙贏的局面。不像一般傳統的銷售業，消費者購買了產品，只是單純享受產品的效用而已，無法把這產品轉為商機，進而銷售他人。

直銷業與一般傳統行銷的不同，只是銷售的通路不同，經營觀念都是一樣的。直銷業利用「人際銷售」，而節省許多不必要的開支，例如：店面裝潢、租金、人事開銷、水電

費、銀行貸款及其他支出。這些節省下來的費用,直銷業者用來做為直銷商們銷售產品的獎勵。經銷商本身整組業績越高,所得到的獎勵也越多。

　　直銷商要成功,除了要有相當的堅持和理想,同時也要有好的上線提供教育輔導;簡單而言,要在直銷業裡有一番成就的話,跟在傳統事業想成功一樣,都要付出時間和努力。

3. 直銷和其他工作有何不同？

直銷是直接於消費者家中或他人家中、工作地點或零售商店以外的地方進行商品銷售，通常是由直銷商在現場，對產品或服務做詳細說明或示範。

它和一般工作的不同在於：

1.直銷專兼職皆可：相較於傳統行業，一旦換新的工作就必須將舊有的工作辭去，因而面對的風險極高；而直銷事業，一開始可以透過比較保險的兼職方式經營，等到基礎發展穩固之後再轉為專職。

2.團隊經營模式：不同於傳統創業的單打獨鬥，講究組織運作和借力使力的直銷事業，因為上下線的收入彼此相關，許多沒有經驗的夥伴都會得到來自上線和組織極大的助力，甚至情感上最大的支持，成功的機會自然也大了許多。

3.沒有經營風險：相較傳統創業需投入巨額資金，一旦經營不順利，極可能因此背負債務而影響未來的生活，甚至因為這一次的失敗而一輩子無法翻身。直銷事業因為加入的門檻極低，甚至無門檻，就算經營不起來，並不會讓自己陷

入困境中,因而大可放手一搏。

4.直銷以服務為目的:直銷業所背負的社會使命,如同一般生意人一樣,除了盡量生產開發最理想的產品,以滿足消費者喜好之外,更希望能引起消費者「再次消費」的動機;在此前提下,售貨前、售貨中及售貨後的服務與關心,就成為直銷商的經營重點,和一般交易後即不再聯繫的情形,有極大的差異。

類別	上班族 (固定薪資)	業務工作 (底薪+獎金)	直銷工作 (純獎金)
優 點	1.收入固定,經濟有保障。 2.工作環境固定,挑戰小。 3.不做績效評估,壓力小。	1.憑本事計酬,公平合理。 2.有機會創造高收入。 3.挑戰大,學習成長大。	1.工作時間自由,人人適合。 2.努力屬於自己,具累積性。 3.收入沒有上限,平凡人也能致富。 4.累積人脈做為一生資源。 5.挑戰大,學習成長快。
缺 點	1.時間受限制,用一生歲月換取眼前收入。 2.收入成長緩慢,比不上通貨膨脹。 3.一旦失業生活頓失依靠。	1.客戶不屬於個人,再努力也是為老闆賺錢。 2.工作條件限制很多。 3.收入較不穩定。	1.沒有固定薪資,初加入的前六個月看不到明顯回報。 2.需要克服許多困難與心理障礙,很多人因為不能堅持就放棄了。

4. 直銷符合人性需求

直銷是人的事業，所有直銷成果與活動的推動，都以人為基點，直銷商、供應者、消費者，無一不是由人所組成；因此，可以說直銷是為服務人、滿足人的需要和興趣而存在。

心理學大師馬斯洛（A. H. Maslow）將人類的需求分為五種層面，直銷之所以能夠快速蓬勃興起，與符合人性五大需求有密切關聯。

1.生理需求：直銷提供累積財富的機會，滿足食衣住行各項基本生活需求。

2.安全需求：從事直銷沒有年齡上限，是一份可以終身經營的事業，讓身體、經濟和職業獲得安全保障。

3.社會需求：直銷的組織體系形成團隊的歸屬感，滿足獲得大眾接納、認同的渴望。

4.尊重需求：享受達成直銷事業每一個目標的成就感，有助培養自信自尊，同時也獲得他人的尊重。

5.自我實現需求：人終究希望能發揮潛力，達成自己的

夢想，終極的直銷事業哲學，可以形成教育解惑、公益理想、或宗教精神的境界。

　　此外，直銷是以合作代替競爭的利他主義，因為上下線經營的成績關係到彼此的收入，因此直銷事業必須打破傳統同行競爭的模式，講究組織合作，以達成彼此最大的效益。因此，在彼此借力使力與資源整合的情況下，每個人可以用最少的力氣創造最大的績效，經營遇到困難與問題時，也可以透過團隊夥伴的支持與打氣度過難關。

5. 直銷創業的世界趨勢

世界直銷業的發展與當地經濟發展及人們的消費水準、購買力、消費品味、生活理念有密切關係。世界直銷業是以溝通人際關係為主要業務發展手段的，直銷業執業人數從另一側面反映出世界直銷業的發展水準。

亞洲擁有人數眾多的直銷大軍，原因之一在於，直銷業面對面的銷售方式與業務發展模式在盛行傳統東方文化、注重人際關係、強調感情溝通的亞洲地區，更容易博得認可與接受。

而縱觀世界直銷現狀及過去的發展軌跡，可以歸納出幾個現象：

1.近幾年來，世界直銷業一直穩定地以上升趨勢發展，從業人數與營業總額的增長保持同步；

2.世界直銷業是世界經濟的重要組成部分，世界經濟的增長是世界直銷業發展的重要推動因素；

3.直銷業在美、日等經濟發達國家的發展，位居世界直銷業的前茅，以此為基礎，促進了直銷業在世界其他國家與

地區的發展；

　　4.亞洲國家與地區的直銷從業人數在世界直銷大軍中佔有不可忽視的地位，亞洲市場在世界直銷業市場中佔有重要地位，並有不容忽視的發展潛力。

　　展望世界直銷業的發展趨勢，預料：

　　1.在科技日新月異的現今社會，直銷業會不斷出現新的發展思路及新的運作模式，網路等新型的通訊與聯絡方式，將廣泛用於直銷產業的人際溝通、產品推介及人員培訓；

　　2.各國（地區）政府的有關部門將持續修正有關直銷業的法律法規，強化管理，各國直銷行業亦將不斷進行自我調整與自我規範，以實現新的發展目標；

　　3.隨著直銷模式被越來越多的商家及消費者所瞭解、認識與接受，會有更多的國際製造商與銷售商，採用直銷方式將產品推向全球市場；

　　4.潛力雄厚的亞洲市場，將成為世界直銷業投資與發展的熱點。此外，中國直銷業的發展力道不容小覷，將為世界直銷業增加新的活力。

管理篇

6. 各國政府如何管理直銷業？

直銷，此無店鋪零售的新形式在美國出現後，流行於世界各地。這個商業新形式為人們帶來了新概念，如：無商店零售、多層次傳銷網路、消費者與銷售者兩位一體、挨門挨戶訪問銷售、家庭聚會銷售，獨立身份直銷商等，引起了人們的關注和興趣。但另一方面，它也帶來了新的問題，如：金字塔、老鼠會、獵人頭、滾雪球、無限連鎖鏈、賣錢、高壓銷售等等，引起了消費者的反感。針對新問題，新的立法也迫在眉睫。所以，伴隨著直銷的流行，有關直銷立法也在世界各國相繼建立起來。

目前世界上有直銷發展的國家中，大部分都有關於直銷的法規。總括來看，各國的直銷法規大概有兩種形式：一是

專門直銷法，即為直銷專門設立法律，如韓國《直銷法》、馬來西亞《直銷法》、日本《無限連鎖鏈防止法》；二是直銷法律條文，即在某一商業法律中設立有關直銷法律條文，如臺灣在公平交易法下設《多層次傳銷管理辦法》、加拿大《競爭法》中設有「多層次直銷」法律條文、英國的《公平貿易法》中設有反「金字塔」法律條文。

美國

美國是直銷的發源地，但美國沒有全國性的專門直銷法律。它的直銷公司主要受兩種法規約束，一是美國聯邦貿易委員會法規，二是美國各州直銷法律。美國聯邦貿易委員會法規是全國性的法規，全國直銷公司都要遵守，但它的內容不多，反而美國各州法規制定得較為詳細且涉及範圍廣泛。

美國州法主要集中在兩個方面，第一、是反金字塔法，美國50個州（除了佛蒙特州、威斯康辛州）都有反金字塔法，該法在絕大多數州都是專門法，少數幾個州是在《多層次直銷法》中設立反金字塔法條文；第二、美國大部分州都有冷靜法，州冷靜法與聯邦貿易委員會冷靜法規相似，基本內容都是消費者有權在三天之內退貨而不受任何補償性罰款。

亞洲

亞洲直銷發展主要集中在東亞地區，日本、韓國、馬來西亞、泰國、新加坡、臺灣和香港等，都是世界直銷聯盟成員，地位舉足輕重。亞洲有些國家制定有專門的直銷法規，像日本、韓國、馬來西亞；有的地區有局部直銷法律條文，像臺灣；有的國家則沒有直銷法，例如印尼，既無專門直銷法，也無條文，官方也不打算制定特別法規管理直銷業，只把直銷公司當作一般商業公司看待。

比較世界各國的直銷法，韓國《直銷法》可說是目前世界上最有系統的直銷法，其內容之詳備，非其他國家直銷法所能及。

歐洲

歐洲國家一般也都有直銷法，但大多是直銷法律條文，包含在其他法律中。例如法國、奧地利在《消費者權益保護法》中設立直銷法條文，英國、比利時在《公平貿易法》中設立直銷法條文，德國在《競爭法》中設立直銷法條文等等。

歐洲直銷法主要焦點與美國相似，集中在兩個問題上，一是冷靜法規，二是反金字塔法規。歐洲冷靜期規定比美國

期限長，大多是七天；例如法國、德國、英國、義大利、奧地利、比利時、荷蘭、西班牙、葡萄牙、瑞士都實行七天冷靜期退貨制。以上十個國家除了義大利、西班牙、荷蘭之外，其他國家也都有反金字塔法規，歐洲一般稱為「禁止滾雪球銷售法」，與美國州法稱「反金字塔法」不同。

除了國家正式法律法規之外，直銷協會也有直銷約法，進行行業自律。世界直銷聯盟（WFDSA）制定的《世界直銷商德約法》，已經成為每個會員國都要遵守的基本規則。

立法重點

縱觀世界各國的直銷法規，主要有以下幾個立法重點：

1.冷靜期問題

概括世界各國的冷靜法規內容，其基本意思是：消費者自購物之日起一段時間內可以自由退貨，而不受任何補償罰款。

冷靜法規的直接目的是保護消費者利益，也間接地防止了高壓銷售；所謂「高壓銷售」就是，直銷商強迫、哄騙、引誘、纏擾消費者購物。「冷靜期」顧名思義就是給消費者一個頭腦冷靜的時間，並給消費者一個退貨的權利。當消費者在幾天或十幾天之內頭腦冷靜下來後，發覺不想要這個產

品，可以不需任何理由去退貨。由於冷靜法主要是保護消費者利益，所以一些國家的冷靜法是在《消費者權益保護法》中設立，如法國、奧地利等國。

2.入會費問題

入會費是指加入直銷公司時所要繳納的費用，有的國家稱為註冊費，是獲得直銷商資格的基本條件。由於金字塔計畫均要求參加者一開始即支付大筆金錢，因此各國對入會費問題均十分重視。美國規定，直銷公司新人的加入費在加入後六個月內不能超過500美元，英國規定新加入者支付的費用在七天之內不能超過75英鎊。

3.上門訪問銷售問題

美國全國性的訪問銷售法規是美國聯邦貿易委員會發佈的法規，它規定：直銷商在進入消費者家門之前，必須出示直銷商身份證明。聯邦貿易委員會法規是全美國直銷公司都要遵守的法規，因而它具有權威性，具有普遍效力。

4.存貨負擔問題

有些公司規定直銷商必須購買大額的產品，而這些產品絕非短期或甚至永遠都銷售不出去，這是非法直銷的共同點，他們以此手段迅速積累資金。各國法律對存貨負擔的規定比較嚴，主要有兩方面：一方面直接規定不得要求直銷商

購買不合理數量的產品，這是因為不法公司往往在新參加者一加入時即以存貨負擔將其套住，迫使其不得不發展新人來解套。另一方面是針對直銷商退貨權利的規定，為限制公司讓直銷商增加存貨負擔，各國法律一般都賦予直銷員很大的退貨權利。

5.價格問題

直銷產品的價格在各國也曾引起過爭議，但由於各國經濟制度不同，對價格的爭議點也不同，大多數國家對價格沒有明確的規定。韓國法律只規定，直銷企業建議的零售價格不應超過《總統令》規定的數字；加拿大法律規定，參加直銷的人購買產品的價格應是成本價，而不能是批發或零售價格，其用意是禁止直銷公司從發展人頭中獲利。

6.誇大宣傳問題

直銷是一種因產品性能決定、需要面對面進行講解、親身演示並以口碑方式傳遞商業資訊的行銷行為；因此，各國法律都有禁止誇大宣傳的規定。

7.公司的設立

亞洲國家對直銷公司的設立管制比較嚴，歐美國家一般則不加約束。韓國對直銷公司設立有註冊資本限制，對開直銷公司的人有資格限制，而且開直銷公司必須向市長、省長

登記註冊；馬來西亞的直銷公司必須向該國的國內貿易與消費事務部申請核准；臺灣的直銷公司則必須向主管機關行政院公平交易委員會報備。

7. 中華民國直銷協會

直銷業在台灣，最早肇端是美、日兩國的直銷公司，於1980年底湧入；但是，這並不是個愉快的萌芽。當時部份不肖業者，看上台灣經濟、社會的發展正要起步，於是把國外的詐欺手法移轉陣地來台。1981年爆發了「台家事件」，由於當時社會對直銷這新興的行銷手法並不瞭解，更遑論區別正當直銷與非正當的詐欺商業行為，一時之間，媒體大肆渲染報導，嚴重打擊所有直銷業在台灣的形象，為直銷在台灣的發展歷程寫下黯淡的開始。

為了改變國人對直銷的誤解，推廣正確的直銷理念，加速建立產業秩序與自律決心。在台灣英文雜誌社董事長陳嘉男的帶領，以及創始會員：安麗、雅芳、怡樂智、統健、松柏等公司的運作下，一個直銷業者的自律團體於1986年4月正式成立。初期以「直銷聯誼會」的名稱運作，雖然聯誼會在國內無法以正式的協會組織運作，但仍積極參與國際直銷事務，同年即申請加入世界直銷聯盟（WFDSA），順利成為該聯盟的第三十個會員國組織。

　　接下來的五年時間，創始會員公司們為了正名而多方奔走，主動提供政府部門詳細且正確的資料，表達申請設立「中華民國直銷協會」的強烈意願。共經過三次的申請，在國內業界發動聯名簽署；並在世界直銷聯盟的協助下，制定符合國內民情的章程、會務制度與加入辦法。終於，在1990年8月，經內政部核准籌組「中華民國直銷協會」；同年12月12日，中華民國第一個直銷產業公益組織正式誕生，由台英社董事長陳嘉男，當選首任理事長。

　　從聯誼會時期開始，二十多年來，在臺灣市場的重量級直銷業者，都是直銷協會的會員，與國際直銷產業同步發展。直銷協會一直發揮整合、協調、自律、溝通、研究發展及國際交流的功能，致力直銷產業的健全發展，更見證了直銷在台的歷史更迭：從80年代早期的導入期，直銷是個被誤解的產業；90年代的成長期，本土、跨國的直銷公司蓬勃發展；到21世紀進入成熟期，豐碩的成果令人讚賞。在這期間，1992年正式頒布施行的「公平交易法」、「多層次傳銷管理辦法」，讓直銷事業進入了「有法可循」的年代，奠定了日後發展的基礎，開啟了直銷事業在台最燦爛的一頁。

　　同時，直銷業也得到學術界肯定，多層次傳銷課程堂堂正正地在校園中講授，國立中山大學更成立「直銷學術研發

中心」，每年舉辦直銷研討會及發表直銷相關論文。

　　直銷協會是直銷業者與政府、立法單位、執法單位、學術界、媒體及消費者等多元社會中，各社會成員的溝通橋樑；多年來，不僅善盡公益的社會責任，更導引產業朝向健全的發展。

8. 世界直銷聯盟

世界直銷協會聯盟（World Federation of Direct Selling Associations，WFDSA），簡稱「世界直銷聯盟」，1973年在9個國家直銷公司代表的倡議下發起成立；1979年，在21個國家直銷協會召開的第三屆世界直銷大會上，正式定名為「世界直銷協會聯盟」，自此成為全球直銷業的代表性組織。目前，世界直銷聯盟成員包括52個國家和地區的直銷協會及歐洲直銷協會，總部設在美國華盛頓，秘書處由美國直銷協會擔任。

世界直銷聯盟旨在加強對直銷企業市場行為的約束，促進直銷業在全球健康、有序地發展。做為世界性行業自律組織，其職責為代表全球直銷公司的權益，透過集結各方經驗及資源，尋找、收集和交流有關國際規則、立法及其他共同關注的重要事項資料，並鼓勵業內人員緊密聯絡。1994年，其制定的《世界直銷商德約法》（World Code of Conduct）獲各國直銷協會一致通過，已廣泛納入各國的行業守則中加以實施。

世界直銷聯盟將合法的多層次傳銷和假借多層次傳銷之名、行詐欺之實的商業行為，清楚地劃分開來，強烈反對詐騙性的金字塔式銷售法，禁絕金字塔式銷售組織，支援制定與《商德約法》一致的法律，保護直銷事業的消費者。

　　世界直銷聯盟每三年舉行一次世界直銷大會，總結直銷業的經驗，規範直銷業的行為，商討直銷業的發展，完善直銷業的組織。

　　目前，直銷業在全球已發展到180多個國家和地區，銷售產品高達數千種。世界直銷聯盟由各國的直銷協會選出一名代表，擔任聯盟的理事，並組成理事會；首席CEO委員會是世界直銷聯盟的最高權力機構，由行業內知名企業的首席CEO組成，每隔九個月定期在各大洲輪流舉行一次會議。會議內容主要是關注各國政策的變化、消費者權益的保護、《商德約法》的實施、直銷行業的美譽度建立，並負責世界直銷聯盟重大政策的制訂和年度預算。

9. 世界直銷商德約法

《世界直銷商德約法》又稱《世界行為守則》，簡稱《商德約法》，1994年5月18日世界直銷協會聯盟（WFDSA）制定。直銷的行為必須合乎商德，乃是世界直銷協會聯盟一貫的理念，《商德約法》提供了規範無固定地點銷售的道德基礎，為其聯盟會員的直銷立法起了指導作用，是直銷業為各國做出貢獻的具體實證。現在，已經成為52個世界直銷協會聯盟會員都必須遵守的基本規則。

《商德約法》共兩部分，其主要內容包括：

第一部分：有關直銷人員及直銷公司

　　1.範圍；

　　2.有關直銷人員的營業守則；

　　3.直銷公司之間的營業守則。

第二部分：有關顧客

　　1.範圍；

　　2.有關顧客的營業守則。

　　該約法的制訂宗旨是：維護直銷人員的權益，在自由企

業體制下提倡公平的競爭,提高直銷的公眾形象,客觀地說明直銷業的創業機會。同時,滿足消費者的需求並維護消費者的權益,在自由企業體制下提倡公平的競爭。

《商德約法》有關直銷人員的營業守則規定:直銷公司及直銷人員不得以誤導、欺騙或不公平的方式進行推薦;推薦活動;商業資訊;收入聲明;費用;終止契約;教育及訓練等。

對直銷公司之間的營業守則規定,直銷協會的會員公司應對其他會員公司公平相待的原則;直銷公司及直銷人員不得慫恿或勸誘其他公司直銷人員加入自己的組織;直銷公司不得且不允許直銷人員詆毀其他公司的產品、業務計劃或其他方面。為此,世界直銷協會聯盟強力支持制定與《商德約法》一致的法律,將合法的多層次傳銷機會,和假借多層次傳銷之名、行詐欺之實的商業行為,做清楚的劃分。

《商德約法》有關對顧客的營業守則包括:

1.禁止行為,直銷人員不得有誤導、欺騙或不公平的銷售行為;

2.表明身份;

3.訂單;

4.口頭承諾,直銷人員僅對公司授權範圍內的產品作出

口頭承諾；

　　5.品質保證及售後服務；

　　6.冷靜期及退貨，不論法令是否有規定，直銷公司及直銷人員必須保證在訂單上列明，允許顧客在一定期間內可取消訂單並退款的「冷靜期」條款；

　　7.見證資料；

　　8.比較及詆毀；

　　9.尊重隱私權；

　　10.送貨。

　　這些規定，保障了消費者與直銷人員的權益，鼓勵企業公平競爭，並以公正方式呈現直銷業賺取利益的機會。

　　《商德約法》並非法律，是直銷業自律的辦法，但遵守該約法所需的道德行為標準往往高於國家法律的要求。遵守《商德約法》是每一家直銷公司的責任，創業的自由也意味著企業不僅對於個人有責任，對於他人以至整個業界，都有責任。

10. 中華直銷管理學會

中華直銷管理學會成立於2005年12月9日，為全球第一個直銷管理學會，該學會除了推動台灣及華人世界的直銷學術研究風氣，使華人直銷學術在全球取得領先地位之外，也藉著產業、官方、學術界三方面的結合，使臺灣直銷產業有更正面的發展。

中華直銷管理學會的成立宗旨在於，推動直銷的學術研究與國際交流，加強直銷人員的進修與發展，提升直銷經營水準與社會形象。

學會主要任務為：

1.從事直銷相關研究

2.推廣直銷正確經營理念

3.開辦直銷相關教育訓練課程

4.與世界各國研究直銷的學者交換研究心得

5.提升對直銷研究的專業形象

主要業務有：

1.承接政府機關、直銷業的直銷相關研究計畫

2.開辦直銷教育訓練課程

3.舉辦直銷學術及實務研討會

4.承辦直銷相關政令教育宣導工作

5.建立維護直銷學術研發中心

市場篇

11. 直銷在台灣的發展

1974年，臺灣英文出版社用直銷的方式銷售圖書，是為臺灣直銷業之始。1980年末期，美、日兩國的直銷公司紛紛湧入臺灣，除了當時臺灣的經濟、社會環境有利於直銷產業發展，部分也是因為兩地發生多起詐欺事件，不肖業者轉移陣地，來台另起爐灶。1981年，臺灣爆發「台家事件」，一時之間，直銷業形象嚴重受損，媒體的大肆渲染，為臺灣直銷發展史寫下黯淡的一頁。1990年，中華民國直銷協會成立；1992年，頒佈「公平交易法」，正式給予直銷合法身份。

細究臺灣直銷產業的發展環境，可約略分為四個階段：導入期、成長期、暴漲期與成熟期。

1.**導入期**：1980~1986年，當時臺灣社會對直銷產業尚處於缺乏管道以建立正確認知的階段；

2.**成長期**：1987~1991年，1990年中華民國直銷協會成立以後，臺灣直銷業界在協會的帶領下，開始擺脫舊有的負面形象，朝向正派經營邁進。1992年，公平交易法生效，《多層次傳銷管理辦法》正式實施，臺灣直銷業正式納入有法可循的階段。一方面改變過去十幾年來政府單位無法可據、束手無策之窘境，也約束、嚇阻欲藉直銷斂財或圖謀短期暴利的投機份子染指，促進產業健全發展。同時由於法令的公布實施，臺灣直銷產業也跨進了暴漲期。

3.**暴漲期**：1992~1995年，臺灣從事直銷活動的人口年年攀升，報備的直銷公司家數與年營業額也逐年成長，但快速拉高產值後的表現，就是市場胃納量趨於成熟階段。

4.**成熟期**：1996~迄今，截至2010年底前向公平會報備從事多層次傳銷之事業，且實際從事者計331家，參加人數為457萬人，營業總額高達608.95億元。

12. 繞著地球做直銷

發展中國家是整個地球經濟增長的主要推動力,亦是直銷從醞釀到爆發的溫床。過去十年間,增長速度實現倍增的直銷市場,大部份也是經濟急速成長的發展中國家;例如韓國,由低收入發展中國家三級跳成為發達國家的過程,就是直銷從萌芽期到直銷立法以至後來業績數倍增長的黃金時期,巴西、馬來西亞等亦然。所以,一個國家的綜合經濟潛力,可做為直銷爆發的徵兆。

按照金融經濟界所稱的「金磚四國」(BRICs,分指Brazil巴西、Russia俄羅斯、India印度、China中國),巴西現貴為全球第三大的直銷市場,早已脫穎而出;中國直銷在風雨十多年後經歷「禁傳」與立法,發展潛力不用多說,有心人早已計劃部署;值得特別一提的是,乘勢起飛的俄羅斯和印度直銷業。

俄羅斯現躋身十大直銷國之列,但一直以來卻未得到如東南亞各國般的重視。俄羅斯的經濟近年高速增長,人均收入是金磚四國中的首位,接近1.2萬美元。伴隨著急速發展的

經濟，通貨膨脹的壓力對中低下階層帶來的無助，激發了俄羅斯人對直銷的憧憬與熱情，直銷從業者更在15年之內大幅增加了44倍，是增長最驚人的市場。

參考數十年前的美國和日本，及近十年巴西、墨西哥等國家的成功，我們便能夠確認地大物博的人口大國讓直銷事業一觸即發的威力。印尼被譽為千島之國，大部份人口集中在三大島嶼上，而隨著印尼前景的明朗化和投資家的簇擁，吸引一票直銷巨頭到印尼開發，使得這個擁有超過2億人口及華人超過1千萬人口的大國，掀起一股直銷大浪。

東南亞諸國較被看好的還有泰國。泰國現時的直銷業績超過10億美元，直逼直銷成熟的台灣，但其超過6千萬的人口，讓泰國可以在東南亞直銷市場節節領先。馬來西亞是直銷經驗最豐富的國家之一，對直銷的熱情亦令其擁有「直銷天堂」的美譽，然而基於其只有2千多萬的人口，相信未來本土的發展將會和台灣有類似的瓶頸——結果將是人才外移；如台灣、馬來西亞、香港、新加坡等地的傑出領袖，將知識、能力與經驗貢獻在如泰國與印尼等潛力豐富的市場，當資源融合，產生巨大「人和效應」，市場自然做得起來。

若論對直銷的熱情，越南、俄羅斯與南非等國均甚為高漲。直銷商在這幾片土地都較被尊重及享有發展上的高度自

由。根據直銷大國的經驗，國家的態度與國民的認同是業績爆升的關鍵。相對來說，印度在「人和效應」方面較讓人擔心。印度的人口量代表著無限商機，但政府一直未對非法的傳銷行為予以嚴厲監管，導致劣行驅逐良行，令業界蒙受污名。這兩年印度直銷協會決心推動起草有關條例，若能因此成功整肅不良風氣，印度的直銷發展前景只有中國能與之媲美。

13. 直銷的獎勵制度

直銷最吸引人的地方，也是最具話題性的地方，就是其獎金制度。每個公司有其不同的獎金制度，基本上可以把直銷企業分為兩大類——單層次直銷和多層次傳銷。單層式直銷（Single Level Marketing）中，直銷商的收入來源直接來自於個人銷售貨物給最終消費者所獲得的零售利潤。

多層式傳銷（Multi-Level Marketing）中，直銷商除了依靠銷售貨物獲取利潤外，更可自己招募培訓其他的直銷商，其收入來源不僅包含本人的銷售收入，還包括自其組織產生的銷售額按一定比例計算出來的收入，目前世界上大多數直銷公司，均採用此種方式。

多層次傳銷根據獎金分配設置的結構劃分，大致有四大類型：階梯制、矩陣制、雙軌制、混合式制度。

階梯制

是指設置有多個級別，根據業績一級級向上升，收入呈級差擴大的獎金制度。階梯制度是主流制度中存在最久且採

用公司最多的制度,單層次以雅芳、玫琳凱為代表,多層次以安麗為代表。

這種制度為直銷商設置了很多「階梯」,做為鼓勵直銷商不斷升階的動力。銷售業績越多,爬的台階越高,獲得相應報酬也就越高。它的獎金主要分為兩類:

1.**銷售獎金**:通過銷售產品而獲取銷售利潤;

2.**領導獎金**:用「代數」來計算(每一代業績是指小組業績而非個人業績)領導人在組織管理和輔導方面的獎金,也叫組織輔導獎。階梯制是一種鼓勵銷售產品的制度,因此設置了較高的個人責任額和小組責任額,在階梯制中要想獲得高收入,就必須不斷地擴大銷售額。

階梯制的優點

1.允許脫離和歸零:脫離是當你的下線小組業績達到一定量的時候就可以晉升到和你同階或者超越到更高的職階;歸零就是業績不累計,按月歸零。

2.有零售毛利、級差獎、領導獎金、分紅和福利,對直銷企業的發展具積極作用。

3.注重銷售與團隊管理;組織穩定、業績與收入逐步同步攀升;中高層收入豐厚。

階梯制的缺點

1.運作成本高：包括時間成本、資金成本、管理成本、人力資源成本等。

2.前期啟動速度較慢。

3.線橫排要求較多（太陽線）。

4.領取領導獎金時，有小組業績壓力。

矩陣制

指限制前排數量，按固定深度領取獎金，寬深一定形成矩陣的獎金制度。它的特點是主要以消費者為構建基礎，沒有「小組責任額」，而且個人責任額很低；所以，要賺大錢就必須不斷地開發消費者市場。

這個制度的設計理念是：穩定忠實的消費者；更高的收入來自於更深的組織網；穩定的收入來自組織網固定的重複消費；消費者互助，強者幫助弱者。矩陣制把運作重點放在組織結構上，強調一個完全消費導向的組織網。

矩陣制的優點

1.**發展容易**：當推薦的下線人數超過矩陣制的規定時，超出的人數將「溢出」到較低的階級，上線可以幫忙下線。

2.**複製與管理方便**：只要輔導少數幾個下線就可以了。

矩陣制的缺點

1.優秀的直銷商獲利不高，投入的時間和精力得不到相對的回報。

2.成長受到限制，很難實現高目標的收入。

雙軌制

指只發展二個橫排小組，根據相對少的小組業績情況來獲得獎金的獎金制度。雙軌制的特點是：發展二個人比較容易，上線容易幫忙下線，壓力少、管理簡單，所以發展速度快，短線炒作心態強。雙軌制極易形成「大象腿」，這時雖然團隊人數眾多，卻難以符合領取獎金的要求，造成很大的業績沈澱。

雙軌制的優點

1.排線設計使直銷商運作輕鬆，上線容易幫助下線。

2.摒棄了階梯制新舊直銷商級別設置，完全按兩邊業績情況獲得收入。

3.前期收入比較快。

雙軌制的缺點

1.排線設計，有制度爆盤的危機。

2.養懶人，不能充分發揮直銷人的潛能；大象腿現象，不能獲得相應報償。

3.封頂現象不能讓有能力的人在一個經銷權利上獲得較大的收益。

4.團隊不重視銷售與管理，組織不大穩定。

混合制

混合式制度是上述制度的變革與創新，以階梯制為核心，又克服了傳統階梯制的缺點，是一種新型的制度。混合制具有以下特點：設有啟動獎金，前期發展動力強；差額和代數獎金並存；設有組織發展獎金和領袖發展獎金。

混合制的優點

1.注重銷售與團隊管理。

2.組織穩定、業績與收入逐步同步攀升。

3.中高層收入豐厚。

4.前期啟動快，中期推動力強，後期有利管理與複製。

5.線的寬度要求少，無小組業績壓力。

混合制的缺點

多種制度的組合，一般來說比較複雜，新人比較難以理解。

直銷獎勵制度是直銷企業運作的核心，制度本身沒有好

與不好之分，每一種制度都有其優點和相對應的缺點，關鍵在於直銷企業與直銷商如何選擇適合自身發展又合理可行的獎勵制度。

14. 誰適合做直銷？

直銷商來自不同行業，有著不同的經歷，年齡層次也不一，但仔細分析不難發現哪些類型的人特別喜歡從事直銷行業。

1.**對現狀不滿足的**：這種人選擇直銷，是受到直銷行業的自由和直銷平台對人的鍛煉，以及成功導向的吸引。

2.**善用人際關係的**：從事直銷主要就是透過廣泛的人際關係來擴大消費群體和挖掘經營者，善於人際關係的人也都具備人際資源整合的能力，容易讓周邊的親朋好友信任，在生活群體中具有一定的號召力，能夠透過人際關係找到財富。

3.**對成功有概念的**：不管男女老幼，只要對成功有概念的，或受過直銷行業獨具特色成功訓練的人，都會迷戀這個行業，有的人甚至換了一家又一家公司，就是不捨棄這個行業，因為那種渴望成功的欲望激勵他們走下去，他們相信直銷是個能讓普通人成就偉業的最佳平台，也相信直銷是真正能縮短成功歷程的行業。

4.**善於把握趨勢的**：目前世界的變化和節奏太快了，在微薄的利潤和強大的競爭下，獨具慧眼的人懂得尋找新的機會和把握新的經濟潮流，而直銷正是趨勢潮流下的產物。

15. 直銷人的成功特質

活躍的直銷商通常比較外向、主動、熱情,而且富冒險精神,也比較喜歡自己當老闆。一個成功的直銷商必須是一個良好的溝通者,而且有強烈的工作動機;除此之外,他們還具備了以下的特質:

1. 自己覺得是對的事,不管週遭親朋如何取笑與冷落,做給他們看就對了!

2. 選擇對的公司,從零認真學起;並以長久經營事業的心態,不怨天尤人,遇到挫折時,會檢討是自己哪裡沒做好、哪裡需改進。

3. 勤加了解產品、熱愛產品,深信不疑,真正感受產品對自己的改善,將產品納入日常生活中,堅信產品能幫助週遭有需要的人。

4. 視顧客需求推薦產品,幫忙客戶解決他的問題與困擾。

5. 有強烈想成功的企圖心,設定目標,吃苦當吃補,越挫越勇。

6.為下線規劃成功之路，傾力幫助下線成功。

7.為下線創造機會，不和下線搶功勞；會做人、好相處。

8.規劃簡單可依循的成功模式，大量複製，勇於拓展市場。

16. 創辦理念與經營胸襟

　　家會長久發展的直銷公司，必須在有持久生命力的基礎上才能實現。如果在一家直銷公司辛苦運作三、四年，一旦公司宣佈解散，直銷商的一切希望和付出也會化為泡影，許多直銷商的悲哀就在於此。直銷不同於傳統行業，傳統工作跳槽往往是越跳越高，直銷行業一旦跳槽，就等於一切從零開始。也因此，直銷企業的創辦理念和經營胸襟，就顯得格外重要。

　　直銷企業的根本理念應該要成為一股積極正面的影響力，讓所接觸的每個人，不論是顧客、直銷商、員工、供應商和工作夥伴都因此受益。在做法上建議：

1.秉持誠實正直的原則；

2.善待並尊重所接觸的每一個人；

3.秉持服務與關懷精神與他人互動；

4.認真工作並妥善運用公司資源；

5.展現笑容與幽默，振奮團隊工作士氣；

6.對成功心懷感激，並多給予他人肯定；

7.熱心公益，善盡企業回饋社會的責任。

17. 沒有使命，沒有未來

企業使命是指企業在社會經濟發展中所應擔當的角色和責任，是企業的根本性質和存在的理由，它說明了企業的經營領域、經營思想，為企業目標的確立與戰略的制定提供依據。

明確的企業使命，是要確定企業實現遠景目標必須承擔的責任或義務。幾乎每一家公司都有自己的使命陳述，但同樣有很多公司的使命沒有轉化為公司的自覺行為，沒有成為凝聚公司全體成員的感召和動力，主要有兩個檢視點，一是公司的使命是否合理，另一是公司的使命是否真誠。

使命不是隨便寫的，不是堆砌一些主觀口號性的字句就好。使命應該是發自企業或創辦人內心的一種自覺意識，然而現在很多公司的使命是寫給客戶、員工和社會看的，只是為了裝飾，不是老闆或高層自覺的意識和行為，是虛假的使命，所以發揮不了應有的作用。

一個公司的使命必須是組織能勝任而又能被環境所接納的責任才合理，使命要符合事業發展的趨勢，而且本身是自

覺的、真誠的，同時公司所
有的行為都圍繞著使命在進
行，才能被客戶、員工和社
會所認可接納，才能激勵企
業的行政人員和銷售部隊為
實現其使命而奮鬥。

18. 直銷產品的主要類別

營養保健食品向來為直銷產業的大宗，根據公平會針對2010年直銷產業所做的調查，仍以販售營養保健食品261家（占78.85%）居冠，販售美容保養品177家（占53.47%）居次，第三為清潔用品101家（占30.51%）。

因多層次傳銷事業營業規模差距甚大，且同一事業往往販售兩種以上類型的商品，各類商品銷售額占多層次傳銷總營業額比重亦有不同，為了解其實際銷售狀況，以各事業商品銷售比重及營業額，計算各類商品銷售額，結果以營養保健食品銷售額最大，計345.79億元（占56.78%），其次為美容保養品97.45億元（占16%），第三位為清潔用品39.74億元（占6.53%），第四則為其他商品31.63億元（占5.19%）。各類產品營業額與2009年比較，僅減重食品、寢具、圖書文具及錄影音帶及服務類商品等營業額減少，其他如精油、服飾、保健器材等均增加。

19. 產品研發是經營命脈

研發是企業成長生存的重要命脈，也是唯一使企業能夠起死回生的救命神丹。隨著產業的競爭與順應資訊科技的潮流，企業要在競爭激烈的環境下生存，必須在產品上不斷地推陳出新，以確保產品在市場上的佔有率，因此，新產品的研發對每個企業來說，都是非常關鍵的一環。

產品研發包含四個基本要素：創造性、新穎性、科學方法的運用、和新知識的產生。直銷企業未必都具有產品研發能力，因為它必須配置一組陣容堅強、由科學或醫學等專業人士組成的研發團隊，這部分的投資是相當可觀的，工程相當浩大，不是所有企業都承擔得起，因此多數直銷企業所銷售的多為代理的產品。

然而，在現今瞬息萬變的市場中，具備研發能力的企業，才有機會掌握先機，隨時根據趨勢潮流和客戶需求，推出創新產品或將既有產品升級，在銷售利器上領先同業，確保經營優勢。

20. 抓緊產業脈動，適時切入

任何產業都有其生命週期，產業的生命週期分為：萌芽期、成長期、成熟期和衰退期等四個階段。

1.萌芽期：是指剛起步的產業，這個階段的成長緩慢，因為消費者對此產業並不熟悉，企業也尚未獲得規模經濟效益，因此價格高、市場規模小。這個發展階段的進入障礙，是在取得關鍵技術，而不是成本經濟效益或顧客對品牌的忠誠。

2.成長期：一旦產品需求開始發生，這個產業即迅速發展為成長產業。在成長的產業中，許多新的消費者進入市場，造成需求快速擴張。消費者熟悉產品、價格因經驗及規模經濟效益而下降，加上經銷通路發達，產業會迅速成長。當產業進入成長時期，競爭程度較低，由於需求快速成長，使得企業可以不用從競爭者手上奪取市場，即能擴張營收及利潤。

3.成熟期：當產業進入成熟期，由於既有業者的規模經濟已形成，新進入者不易競爭，因此進入障礙高，潛在競爭

者的威脅降低。在成熟期的產業，市場趨於完全飽和，僅限於更換的需求。而由於需求減緩，企業為了維持市場佔有率，不得不降低價格，其結果是價格戰。產業成熟後，能存活下來的企業都是擁有品牌忠誠度及低營運成本的企業，而這兩種因素都構成了新競爭者進入的障礙，使得大部分成熟期的產業多形成寡佔市場。

4.衰退期：在衰退階段，產業變成負成長，其原因包括新技術興起、社會需求改變、受到來自國際的競爭等。在衰退的產業，企業間競爭的程度會增加，甚至削價引發虧損或倒閉，亦可能引起併購或裁員。

產業的生命週期會不斷循環，在選擇事業或進入一項產業之前，要思考其正處於產業生命週期的哪個階段，適不適合此時進入？進入的策略為何？直銷產業在臺灣，歷經近30年的發展，已走過產業的四個生命週期一輪，如今是第二循環的開始，正是新事業投入的好時機，只要擁有趨勢性的明星產品，就有機會創造一波業績高峰。

21. 如何選擇直銷公司？

選擇正當優良的直銷公司和產品，是從事直銷事業成功的第一步，以下提供幾項原則：

產品方面

1.公司的產品是否具市場競爭力？在品質和價值上是否優於同類型產品？有無專利、認證或其他專業上的肯定？是否有完整的品牌行銷策略？

2.公司的商品是否符合市場趨勢、具獨特性、與自己的興趣吻合，例如：精油、化妝品、健康食品或健康器材，何者是自己較喜歡，同時容易向客戶展示說明或示範使用的產品？

3.銷售前是否有大批進貨的配額或責任額？所進的商品如果賣不出去，或當放棄直銷事業時，公司有無要求「按合理價格買回」的規定？有無妥善的退貨辦法？以上問題，應儘量從公司的文宣資料中擷取答案。

4.做過銷售的人都明白：鞏固一個老顧客，永遠比開發

一個新顧客容易。不能重複消費的產品，等於你永遠在開發新顧客，等到周圍的人脈都購買以後，就出現了業績的「瓶頸」。公司產品不一定要多，但要符合簡單、易學、易教、易複製的原則，才是適合直銷的產品。

教育訓練方面

1.確認加入公司時，是否有接受專業訓練的機會，其中包括從工作說明會、晉級訓練到組織發展的技術訓練等，有無講義、資料、文稿？要付費或免費？

2.參加時的資料袋、訓練手冊、商品目錄、樣品是否要付費？價格是否合理？

公司方面

1.公司對未來收入的預估、過去直銷商所得的統計是否屬實？自己的銷售佣金、管理輔導下線組織的獎金，以及其他獎助金的收入，如何計算？其他費用及權責義務如何？有無誇大「快速、額外、輕易賺取大筆佣金」的說詞？此點可向公司索取書面資料，但最好是向加入已久的直銷商多方面打聽詢問。

2.公司有無完善、周全的商品售後服務及品質保證？售

價是否容易引起懷疑或爭議？

3.公司是否有完整的行政團隊，可以提供直銷商充分的奧援和輔導？

4.公司負責人及高層管理者的經營理念，以及公司營運歷史背景、形象如何？是否有具開創性的藍圖和永續經營的規劃？

5.公司的產品研發有無獨創性及競爭性？

正當直銷與不正當直銷的比較：

項目	正當直銷	不正當直銷
直銷商利潤	以零售利潤及業績獎金差額為主收入	以介紹他人加入抽佣為主收入
公司利潤	靠直銷商零售業績	靠新加入會員之會費
加入	不需繳高額會費，不需訂貨	需繳高額會費，買高額產品
產品價格	定價合理，具市場競爭力	訂價偏高或價值很難確定
產品保證	有滿意保證或責任保險	無
退貨	接受定期內之無因退貨	不准退貨或退貨條件嚴苛
直銷商保障	訂定明確權利義務並執行	缺乏保障
經營理念	提供優良產品，永續經營	短期詐財，賺足就跑
公司策略	零售和推薦並重，鼓勵建立直銷網	鼓勵推薦新人擴展組織
制度特性	公平合理，很難坐享其成	強調高報酬、易升遷、容易坐享其成

22. 選對公司，跟對上線

在直銷業常說，選擇比努力重要；因此，認真、理性地選擇直銷公司，是從事直銷事業前必須先確認的一件事。然而，每家直銷公司都有成功和失敗的人，假使你真正付出努力，卻不成功，有可能是因為沒有選擇一個好的系統，沒有跟到一個願意輔導也懂得輔導的上線。

直銷的核心是複製，所謂複製應該是言傳身教，上線盡其所能地把自己的所有方法和技巧傳授給新人，讓新人進來後少走彎路，儘快成長。如果你的推薦人或上線，只會吹得天花亂墜，吸引你激動地走了進來；當你進來後，留給你的只是一大堆資料，告訴你要保持良好的心態，卻沒人親自帶你，沒人親自教你，就算你選擇的公司再好，也有可能陣亡。

上線是影響新人直銷事業能否成功的關鍵，判斷上線是否值得跟從的標準包括：

1.領導人必須擁有親身經歷的成功經驗。

2.領導人必須是品質高尚、心胸廣闊、有奉獻精神的

人。

　　3.領導人必須對所從事的事業有足夠的瞭解，並把成功運作的經驗總結成一定的模式。

　　4.領導人具備很強的溝通能力，以理服人而不是大話騙人。

　　好的上線會帶出好的團隊，好的團隊有聚合力，能凝聚各種人才，形成互相幫助的氛圍；好的團隊不僅要激勵夥伴，更要教會夥伴如何成功；好的團隊，不是只有一個人成功，而是一群人一起成功。選擇好的團隊，跟對上線，就等於踏出了直銷成功的第一步。

總裁小語錄：如果，你還沒辦法創造機會，千萬要做個懂得掌握機會的人。

總裁小語錄：不要吝於成為別人的貴人，也不要拒絕讓別人成為你的貴人。

實戰策略

希望在直銷領域闖出一片天地嗎？

這個單元將告訴您如何站穩腳步，

如何將心動力化為有效的行動力，

如何提升自我、成就夢想？

計畫篇

1. 如何擬定啟動計畫？

任何成功的到來，都先要有完善的計畫做為藍圖，才能按部就班達成目標。「天下沒有白吃的午餐」，機會永遠留給準備好的人。迎接真正的成功，請先想清楚，自己要什麼？然後用心擬訂計畫，再一步步照著計畫走在通往成功的道路上。

當你想清楚了自我定位和需求之後，就要開始做創業規劃。透過參與公司和組織的新人課程，更瞭解要在直銷領域中成功應當具備哪些專業知識？培養哪些經營心態？學會哪些技巧？養成哪些習慣？當然，更重要的是，訂出哪些目標和計畫，讓自己可以逐步邁向成功。

透過列名單和分析名單，找出發展「消費網」和「組

織網」的潛在對象,然後學習開發的方式,像是會場運作、ABC搭配等等,就像開店做生意一樣,訂出三個月後有多少固定消費的客戶,多久之後可以開分店。因為,唯有明確訂出目標和計畫,才能透過實際行動產生進度,一步一步邁向成功。

直銷事業起步的三階段計畫(每個階段建議設定為期一個月):

第一階段

1.使用產品,瞭解產品的特色、各項功能及使用方法,帶給人們的幫助,和其他產品比較的優越性,以建立對產品的認識與信心。

2.上課學習,參加公司和體系舉辦的各種課程,「每會必到,每到必會」,透過大量學習,讓自己快速步上軌道。

第二階段

1.準備一套示範產品,並學會解說產品、制度與事業機會。

2.每次說明會要有產品推廣成果。

3.建立20~30位顧客,並培養5位下線直銷商。

第三階段

1.至少專精某一種課程，訓練自己成為講師。

2.積極向晉升高階邁進。

3.支援下線發展組織，並發掘有能力的下線領導者。

2. 計畫的執行與修正

很多人經常將計畫訂得洋洋灑灑，十分可觀，按理說，照著完美計畫認真執行，應該就能達成目標。但為何仍常有計畫趕不上變化、甚至計畫根本不是實話的情況發生呢？

那是因為在訂計畫的時候，沒有考慮到現實環境，沒有想到可能遭遇的問題，沒有把「變數」放進去，把一切想得過於樂觀、過於單純，因此，常常事與願違，讓一頁頁的計畫，成了一張張的空頭支票，兌現不了。

在管理上，常用「PDCA循環」來檢視計畫。

Ⓟ 計畫（Plan）：採目標管理，注意要領包括：

1.訂定目標

2.決定目標達成的方法

3.決定目標達成與否的評估標準

Ⓓ 執行（Do）：依據計畫執行每一個步驟。

Ⓒ 查核（Check）：依據先前擬定的評估標準，查核實際績效。

Ⓐ 處置（Action）：查核後如果發現未能達成目標，應採取緊急對策，解決問題，然後再進一步進行PDCA循環，設法防止相同的問題重複發生。

PDCA循環是由計畫、執行、查核及處置四大步驟，所構成的一連串追求改善、達成目標的行動。透過事實資料的收集，擬定一個改善的行動（P），隨之執行該計畫（D），然後檢討績效（C），查核預定的目標是否已經達成（A）。如果答案是肯定的，則進一步將整個方法標準化，以防止錯誤再度發生，同時確保以後都能運用新方法，維持改善後的成果，否則就要修正計畫，改試其他對策。

所以，計畫不是一成不變的條規，而是要靈活調整的策略，在不斷修正、調整的過程中，你將離成功越來越近。

3. 時間管理的有效做法

每個人所擁有時間的長度是一樣的，但密度卻極不相同；有人鬆散得像海綿蛋糕，有人緊實得像手工饅頭。雖然不是每個人都是時間管理高手，但可以肯定的是，愈懂得掌握時間效度的人，距離成功愈近。

有一個很好用的時間管理工具，叫做「柯維時間管理矩陣」，把事情分成四個象限：

第一象限：重要又急迫的事→必須立即去做

這是考驗我們的經驗、判斷力的時刻，但也別忘了，很多重要的事都是因為一拖再拖，或事前準備不足，而變成迫在眉睫。如果不改掉拖延的惡習，你的人生，就是一個「忙」字。

第二象限：重要但不緊急的事→應該要做

應該做的事沒完成，最後就往第一象限跑，使得時間壓力變大，愈來愈疲於奔命。這個領域的事情不會有催促力，必須主動去做，這是發揮領導和管理力的時候。

第三象限：緊急但不重要的事→量力而為

電話、會議、突來訪客都屬於這一類，表面看似第一象限，因為迫切的呼喚會讓我們產生「這件事很重要」的錯覺，花很多時間在這些事打轉，自以為是在第一象限，其實不過是在滿足別人的期望與標準。

第四象限：不緊急也不重要的事→可以不做或委託別人去做

毫無內容的電視節目、喝咖啡聊是非，都屬於這一類，不值得花時間在這個象限。

你也可以畫個矩陣，把一週要做的事放進去，看看到底應該把時間放在什麼樣的事情上。做計畫不是把時間表填滿再來排順序，而是先列出最重要的事情，再來排時間，把瑣事擺在黃金時段以外去做。

每天「偷」一點時間做計畫，想想隔天該怎麼作息會更有效率。有人抱怨老被時間追著跑，工作生活難兩全；其實，只要懂得「排」時間和「偷」時間，依然可過得從容自得。

現代的時間管理輔助器材，有人用管理手冊，有人用手機，有人用便利貼，有人用電腦，不論你用什麼工具來做時間管理，決定權都在你手上。電腦會告訴你還有多少事情要做，但是它不會思考，不會告訴你什麼事情重要、什麼事情

不重要；手機響了，它不會告訴你，這通電話不重要，可以
不接，唯有靠自己分辨事情的輕重緩急，才能善用時間、發
揮效益。

4. 兼職好？專職好？

加入直銷之後，都會面臨要專職還是兼職的考量。不是每個人一開始從事直銷，都有專職的條件，當然也不是每個人都有專職的主觀意願。要做到什麼程度、要怎麼做、花多少時間、多久達到目標？要專職、還是兼職、或者先兼職後專職？完全取決於個人的自由意志。

到底專職好？還是兼職好？當你的目標不同，進度不同，做法當然也不相同。如果你有做生意的心理準備，有可以同進退、共患難的工作夥伴，有足夠的人脈，具有十足的說服力，確信直銷是成功的捷徑，下線喜歡和你一起為直銷打拚，那麼你可以專職從事，以獲取更大的成就，如果有兩項以上不確定時，建議先兼職一段時間，等條件聚足了，再考慮專職。

「要怎麼收穫，先那麼栽」，直銷是累積倍增的事業，也是公平的事業機會，你花多少時間、力氣，就有機會獲得多少回報，所得和投入的時間是成正比的。而不管專職或兼職，除了比速度，更要比耐力，做得久才會是贏家。

專、兼職的優缺點分析：

	專職	兼職
優 點	1. 充分而完全的時間自主。 2. 可以較快的速度達成既定目標。 3. 對於組織活動的參與和下線組織的輔導，可有全盤的掌握。 4. 收入的成長空間較大。	1. 對剛入門的夥伴而言，進可攻、退可守，壓力小，彈性大。 2. 同時擁有二份收入，分散風險。 3. 以兼職型態，測試自己的適應度和市場反應，以調整步調。 4. 充分運用時間產生經濟價值。 5. 運用原有工作的人脈基礎和各種資源，做為發展直銷事業的有利條件。
缺 點	1. 若短期內業績沒有起色，無法負擔生活開銷，會造成很大的壓力。 2. 對一個不能夠自我管理的人，專職反而陷入怠惰頹廢的生活型態。	1. 時間的分配與運用，會被切割而變得不完整。 2. 無法融入參與組織運作的活動。 3. 若和組織團隊在時間與空間上距離過大，容易造成熱情冷卻、信心降低、關係疏離。 4. 缺乏持續的行動計劃和企圖心，不能在短期間建立通路，很容易不了了之和放棄。 5. 時間有限，績效也有限。

5. 人脈哪裡來？

如果關係是一種能力，人脈就是財富；人情的運用是學問，人際的交往是藝術。人一生的成就20%來自專業知識，80%來自你的人際關係。人脈就像一張網，每個你認識的人就是其中一個結，人脈有多廣，你的網就有多大。照顧好你的人脈存摺，就是一生最大的競爭力。

在直銷事業裡，「人脈」之所以可以等於「錢脈」，必須是你認識的人願意「認同你」，可以「為你所用」，願意幫助你「做事更有效果、更方便」，這樣的人才能稱為人脈。

每個人與生俱來就有許多人際關係網絡，隨著年齡增長自然變大，但能不能為你所用，就要看你如何經營。並不

是認識的人多就等於「人脈豐富」，泛泛之交是談不上人脈的。擴展認識的人數，不是重點；重要的是，認識的程度、喜歡你、願意協助你的人，才可以稱為你的人脈。

　　緣份來自主動，人際網路需要靠緣份，人的主動行為，才能串成線。中國人比較含蓄，經營人際關係不愛主動，常喜歡「順其自然」，事實上，很多機會就在「順其自然」後不了了之。

　　如果你用心開發，人脈是用不完的。廣結善緣是「培養人脈」的第一步，不要一開始就「設定誰」是你未來的人脈。當你的「人脈基礎」已經夠鞏固，在你提出需求時，就能看到回報。

　　以新加入直銷的新鮮人為例，你可以告訴朋友目前自己的生涯計畫，而不是急著推銷產品，這樣一來，別人沒有強迫購買的壓力，但當他需要你的產品時，就會主動靠近你。

　　人脈關係就是一種有利的人際關係，是一種友善的互動，是需要經營、培養及維持的。如果自己是別人的人脈，往往對方也會是你的人脈。記得，讓自己是個可愛的人，與人交往時要有誠意，表達關心和感謝，維持適時的互動，就是經營人脈的方法。

　　只要付出努力，人脈經營得宜，一旦時機成熟，你的收

益絕對是龐大人脈所創造出無可比擬的事業錢脈。

從小到大，你的人脈來源有：

有地位具影響力的人	人面廣的人	同學／校友	現在與以前的客戶	同業／競爭者	你和他有過消費行為的人
1.	1.	1.	1.	1.	1.
2.	2.	2.	2.	2.	2.
3.	3.	3.	3.	3.	3.
4.	4.	4.	4.	4.	4.
5.	5.	5.	5.	5.	5.
6.	6.	6.	6.	6.	6.
7.	7.	7.	7.	7.	7.
8.	8.	8.	8.	8.	8.
9.	9.	9.	9.	9.	9.
10.	10.	10.	10.	10.	10.

親人	鄰居	同事／現在、以前	社團／或同好的朋友	參加活動認識的人	網友
1.	1.	1.	1.	1.	1.
2.	2.	2.	2.	2.	2.
3.	3.	3.	3.	3.	3.
4.	4.	4.	4.	4.	4.
5.	5.	5.	5.	5.	5.
6.	6.	6.	6.	6.	6.
7.	7.	7.	7.	7.	7.
8.	8.	8.	8.	8.	8.
9.	9.	9.	9.	9.	9.
10.	10.	10.	10.	10.	10.

6. 你會列名單嗎？

列名單是正式啟動直銷事業的第一步，有些人將列名單想得很複雜，以至於遲遲列不出來，喪失了開拓的先機。啟動動作拖得越久，執行動力就相對遞減；事實上，列名單很簡單，就是把你認識的人名字寫下來，也等於是個人人際關係的總整理。

列名單還不是邀約和銷售，先不要自我設限，否則會影響名單的數量，連帶地會影響啟動的能量。哪些人會出現在你的名單上呢？基本上，列名單的原則是由近而遠、由親而疏，從家人開始，然後找出所有的「同」，包括：同學、同事、同鄉、同宗、同好、同袍、同業……等等，如此一來，你的名單就相當可觀了。

名單列出來之後，接下來就要針對這份名單進行分析。分析的用意，在於幫助我們找到「對」的人。對新人來說，前面幾個優先開發名單非常重要，如果一開始挑選的對象都順利締結，那麼就有信心、有動力，繼續銷售、推薦；反之，若碰到不對的人，一再遭受挫折打擊，很可能名單還沒

用完，人就已經陣亡了。

在「銷售」部分，有四種對象可以優先開發：

1.對產品有確切或迫切需求的人。

2.有正確保健和保養觀念的人。

3.捨得花錢對自己好的人。

4.對你百分百信任的人。

而在「推薦」部分，同樣有四種對象可以優先開發：

1.有企圖心和事業心強的人。

2.有積極行動力的人。

3.懂得掌握趨勢、有備胎觀念的人。

4.本身具影響力、或者是意見領袖的人。

7. 陌生開發難不難？

世界上沒有陌生人，只有還未認識的朋友。哪一個朋友原來不是陌生人？做直銷，更不能單靠親朋好友，既有人脈總有用盡的時候，事業要做大，就必須廣結善緣，勇敢地走出去，向陌生人招手。

新人多半是從認識的人開始做起，然而家人、親戚就像位於金字塔的頂端，為數最少；其次是同學、同事、朋友等，就像金字塔的中層，人數雖然多了些，同樣追不上目標需求；於是位於金字塔底層、為數最龐大的「陌生市場」，就成了組織加深加廣、成長茁壯的唯一出路。

當緣故市場經營到一定程度，沒有太多名單可以開發，而轉介市場需要醞釀的時間週期太長、效率又不夠高，出現經營者的時間空檔過於明顯，積極從事陌生市場開發的動作，就成了提升邊際經營效益的最好選擇。

一直以來，有很多優秀的直銷商，各顯神通在做陌生開發，包括：「先做朋友，再做生意」的魅力型開發，還是「報徵」、「網際網路」、「傳單」、「問卷」的媒體開

發，或者「掃街」、「直衝」的地域性開發。

　　而在網路時代，最具威力的陌生開發方式當然就是，透過網路信箱、搜尋引擎的廣告、關鍵字查詢，及臉書（facebook）、推特（Twitter）、MSN、部落格等社群網絡機制，在虛擬世界經營一個自己的空間，讓經過或者有興趣了解的陌生客，可以瀏覽網頁、留言諮詢，製造進一步互動的機會，避免初次接觸尷尬的場面，成了現代人從事陌生開發最愛的工具。

8. 善用ABC法則

為協助新人順利起步，減少挫折感，在直銷界有一項黃金法則，就是我們常聽說的「ABC法則」，這是一種透過團隊互助合作、借力使力的法則，以縮短成交時間，提高成交機率。因此，當你成功邀約之後，在面談這個成敗關鍵，千萬不要冒險獨自前往，最好邀請上線陪同，利用ABC法則，以提高勝算。

所謂「ABC法則」所代表的意義是：

Ⓐ是Adviser（顧問）：是你可以借力的對象，一般都把「A」設定為上線，事實上，人脈組織支援系統（如上下線的支援、旁線組織的支援、公司訓練講師支援等），行政資源支援系統（如公司的場地、會議、NDO、OPP等活動），工具支援系統（如錄音機、錄影帶、幻燈機、產品資訊、電腦資訊等），也都可以被借力為A。

Ⓑ是Bridge（橋樑）：就是自己，主要任務是邀約、引薦、溝通等。

Ⓒ是Customer（顧客）：你邀約的新朋友、潛在顧客。

ABC法則的運用，通常是在「B」的實力和經驗，尚不足以單獨做推薦、銷售時，藉由上線或旁線協助說明及產品見證分享，使「C」得到認同，並在「A」示範的過程中，觀察學習銷售、推薦技巧。

在ABC三方會面前，B要與A提前溝通，提供A有關C的個人資料，並安排見面的時間、地點，B要在C和A沒有見面之前，先向C推崇A，尤其是自己在A身邊學習的收穫，讓C有迫切想見A的感覺。

約定見面當天，「B」一定要最先抵達聚會場所，因有時「A」和「C」完全不認識，若介紹人遲到，氣氛便顯得尷尬，最好是B和C先見面聊一聊，A晚個20分鐘左右到。

在座位安排上，最好B與C坐同側，A與C坐斜對面，而C是面對著牆或有遮蔽物，以減少C被外界干擾的機率，而B最適合面對通道或大門而坐，這樣他便能注意到外界情況。

坐定後，B要介紹C給A認識，這個時候可以簡單介紹一下C，比如：這位是我的朋友C先生，現在在XX從事XXX工作，對我們公司和產品非常有興趣，想過來瞭解一下。

介紹A的時候，因為在A和C見面之前，已經向C推崇A了，不需要再當面推崇一次，你可以說：這就是我上次向你提起的A老師，他在這個行業非常有經驗，現在有非常大的

市場，我跟隨A老師，從他身上學了很多東西。

在A和C溝通的過程中，B要在C的旁邊安靜專心聽A說明，並不斷點頭認同，同時做筆記和錄音，以維持良好的氣氛，這是非常重要的一環。切記：B一定不能東張西望、接聽電話，甚至搶A的話，B最好的做法就是閉嘴。

當聚會結束後，B必須負責善後動作，如付帳、還原桌椅、收拾輔銷工具等，切勿先行離去，否則下一場聚會就不會有人來支援了。另外，B要和C確定下次跟進的時間和地點，並留下來與A檢討當天的成果與缺失。

借力使力不費力，熟練掌握並靈活運用ABC法則，讓自己迅速成為A，就可以協助更多的人。

9. 有效率的邀約技巧

邀約是一切行動的開始，沒有邀約就沒有辦法行動。凡事都是靠記錄，邀約次數多了，在不斷的記錄中做修正與調整，自然就會擁有更好的邀約技術。

邀約的種類

1.**動態式邀約**：如電話邀約，屬於比較互動性的，較能掌握對方的狀態及邀約的進度。

2.**靜態式邀約**：如以e-mail的方式或卡片邀約，這種方式通常較被動，適合比較不常接觸的朋友。通常採用這種方式有先打招呼的意思，日後再透過電話聯絡邀約，可避免唐突。

邀約的正確心態

在邀約之前，自己要先培養正確的心態，才有助於在溝通前後能夠正面地面對每個異議問題，為下次的邀約再做準備。

1.正面思考，建立分享產品、幫助朋友享有健康的心態。

2.提供對方新的思考方向和生涯發展機會，不是強迫對方一定要100%接受。

3.不要擔心被拒絕，不必太挫折，保持平常心。

4.不要先幫朋友算命，給每個人機會。

其他邀約重點

1.從名單中選擇最有機會的名單先做邀約。

2.邀約的目的是引發對方的需求或興趣。

3.如以電話邀約，要將時間控制在1~2分鐘內。

4.處理拒絕時要保持同理心，同時記得自己要保持愉悅及積極態度。

5.隨時和你的團隊及上線，分享邀約技巧，從中學習。

成功邀約的技巧

1.完整的列出名單，並在一開始就把「邀約量」放大。

2.清楚邀約的目的和本質，自然地進行邀約動作。

3.進入對方的心裡，找尋真正的邀約理由。

4.運用多元化的邀約技巧。

5.學習「邀約」系統，並不斷演練直到熟練。

6.學會如何處理「異議」。

7.耐心地持續進行邀約。

8.檢討、強化與改變。

當然，不可能每次邀約都成功，遇到對方拒絕我們的邀約時，要告訴自己：他是因為目前對這份事業或這個產品不感興趣，而不是「拒絕我這個人」，千萬不可混為一談，一次邀約失敗，連朋友也做不成。

10. 搞懂80/20法則

「80/20法則」最早由義大利經濟學者帕列托（Vilfredo Pareto）發現，「80/20法則」認為：原因和結果、投入和產出、努力和報酬之間存在著無法解釋的不平衡。一般來說，投入和努力可以分為兩種不同的類型：80％多數，它們只能造成少許的影響；而20％的少數，它們卻能造成主要的、重大的影響。

80/20法則表明在投入與產出、原因與結果以及努力與報酬之間存在著固有的不平衡；它提供了一個典型的模式：80%的產出源自20%的投入；80%的結論源自20%的起因；80%的收穫源自20%的努力。

我們必須知道，可以產生80%收穫的，究竟是哪20%的付出，然後在這部分加把勁；然後搞清楚，哪些是徒勞無功的80%，使我們的努力與回報不成比例，想辦法改善，以求事半功倍。

80/20法則告訴我們：只做最能勝任且最能從中得到樂趣或效益的事，而不是凡事都去嘗試。從生活的深層去探

索，找出那些關鍵的20％，以達到80％的平衡。在此有5項行動建議：

　　1.精挑細選，發現「關鍵少數」成員。

　　2.千錘百煉，打造核心成員團隊。

　　3.鍛煉培訓，提高「關鍵少數」成員的競爭力。

　　4.有效激勵，強化「關鍵少數」成員的執行力。

　　5.優勝劣汰，動態管理「關鍵少數」成員團隊。

11. 認識不同類型的顧客

　　樣米養百樣人，面對類型不同的顧客，要如何才能完美應對呢？先了解顧客類型，再學習應對技巧，不論遇到哪一種類型的顧客，都可以遊刃有餘。

1.自命不凡型

　　對策：表現幽默感，多讚美對方，迎合其自尊心，絕不可批評或嘲笑他。

　　要訣：問他如果遇到這樣的好商品，將如何推廣銷售，讓他自己說服自己。

2.脾氣暴躁型

　　對策：不受對方威迫或低聲下氣地拍他馬屁，以不卑不亢的言語感動他。

　　要訣：不要輕易被煽起脾氣，不要贏了面子、輸了裡子。

3.猶豫不決型

　　對策：當這種人冷靜思考時，腦中便會出現否定的意念，應多用誘導的方式，強烈暗示其一定要買的必要性。

要訣：替客戶做選擇，替客戶做決定。

4.小心謹慎型

對策：配合他的速度，才能使他有安全感。在解說產品功能時，多提示圖表與證據，最好引用名人或專家的話，同時宜強調其安全性，絕無副作用。

要訣：滔滔不絕反使其感覺不安全，將講話的速度放慢，強化數據檢查報告。

5.八面玲瓏型

對策：解說產品功能時，不妨動作大些，手勢多一點，當他覺得你有料時，就會起意購買你的產品。

要訣：應儘早拿出訂單，詢問是否尚有不理解之處，若無就下訂單，對方有沒有誠意，很快就可測出。

6.深藏不露型

對策：顧客反應的方式較為內斂，你大可將產品功能充分發揮，只要解說有力，成功機會也不小。

要訣：用一問一答方式，引導客戶問，你再詳細答，他較會認真聽，不要單方面一直解說。

7.理智好辯型

對策：態度要謙虛，先承認對方說得有理，多傾聽，以博取好感。先讚美他、再回問他，當對方在你面前自覺有優

越感，了解產品的好處後，通常也會購買。

　　要訣：避免引起直接的衝突。你不必多講，但必須很準確地抓住他的需求。

8.貪小便宜型

　　對策：取出公司規章，做為無法削價的理由，請他體諒。接著立刻想出可以達到同樣優惠效果的條件交換，讓他覺得還是佔到便宜。

　　要訣：滿足其佔小便宜的性格，不要以價格折讓，而以贈品促其成交。

9.來去匆匆型

　　對策：誇讚對方活得充實，不必說服他從事直銷，而是直接告訴他產品的好處，鼓勵他快點把產品買下來。只要他信任你，這種人付款通常很阿莎力。

　　要訣：順水推舟，由於其時間極為寶貴，要做更重要的事，產品服務這類小事讓你來做就好。

10.節儉樸實型

　　對策：只要確認他對產品真有興趣，為他設法解決花錢的心理障礙。分幾次推薦，就不用擔心對方一毛不拔了。

　　要訣：讓其由少量買起，或分期付款、分批購買。

12. 第一次，留下好印象

第一印象關係著80％的成交率，所有的成交在第一印象時已決定80％。美國前共和黨策略專家羅傑‧艾利斯（Roger Ailes）說，7秒鐘決定了你在別人眼中的形象。而根據心理學研究發現，一個人初次會面，45秒鐘內的第一印象是最重要的時刻。只有留下良好的第一印象，才能開始第二步。

在人際交往的初始，最先引起注意的是你的儀表；人們常說的「第一印象」，多半就是來自一個人的儀表。一個舉止瀟灑、衣著得體的人，要比一個衣衫不整的人給人的第一印象好。因為、儀表端莊、穿戴整齊比不修邊幅者更有教養，也更懂得尊敬別人。

要留給對方完美的第一印象，必須注意以下幾點：

1.態度誠懇大方：見客戶時眼中不能只顯現「＄」的符號；你的目的是服務顧客，而不是推銷產品，要思考是否為客戶創造需求與帶來利益，而非單純要人家捧場，那麼，自己的態度就能誠懇大方。

2.應對得宜：談吐表現一個人的內涵，適當的言語、良好的溝通，能創造買賣和諧氣氛與銷售魔力。

3.適度的肢體語言：人與人溝通70%的力量是用肢體語言；眼神是否給人關心、在乎、誠懇、溫暖與自信的感覺；翹腳、雙手抱胸、拿筆指人等姿勢都會讓人感覺你比他大；始終掛著微笑，增加親切感。

4.適當的穿著：適當的包裝自己絕對是必要的，女性頭髮與化妝以乾淨素雅為宜，穿著上要配合公司形象、配合場所需求、配合客戶類型，不要穿得讓客戶覺得很彆扭。

如果你給人的第一印象是呆板、虛偽、冷淡，對方就可能不願意繼續瞭解你，儘管你尚有許多優點，也不會被人接受。而如果你給人的印象是風趣、直率、熱情，儘管你身上有一些缺點，對方也會用自己最初獲取的印象幫你掩飾短處。

第一印象又稱為「首因效應」，一旦形成就不容易改變，想在別人心中留下一個好印象，不僅要注意自己的儀表，更要充實自己的涵養。美好的第一印象是成功的第一筆籌碼。

13. 打動人心的商品說明

良好的銷售步驟，是把商品生命化、人性化。要進行一個打動人心的商品說明，你必須：

有吸引人的開場白

1.設計吸引人30秒的開場白，如：「健康最大的殺手是認為自己很健康」。

2.精采的3分鐘簡介。

3.1~2個小時甜蜜的相處，一般交談大概要90分鐘至2個小時，太快成交不一定是好事。

引起興趣

1.針對商品，設想能引起對方興趣的話題。

2.適當運用公司印製的產品資料，操作時才會自然。

引發慾望

1.告訴對方如果現在不買會有什麼缺憾。

2.提醒他現在的潮流趨勢。

強化感覺和記憶

1.產品DM不要讓客戶自己看，要陪著他一起看，並說明給他聽。

2.不斷重覆肯定的說法，引導客戶強化記憶，即使沒有成交，也為下次奠定良好基礎。引導過程，要注意對方反應，依講解內容，抓住他的眼神。

帶領客戶接觸產品

1.體驗使用：例如試用精油或保養品，先抹在自己手上，讓他感覺安心，再抹在他的手上，從你的體驗到他的體驗；營養食品也可以用同樣的步驟，請他試吃。

2.如果確認對方有購買意願，要協助他第一次使用產品。

14. 零售時，請注意！

想贏得顧客芳心、贏得訂單，迅速取得對方的信任，必須掌握以下原則：

1.喜歡產品：人是商品與客戶滿意中間的補足角色，靠你的說明讓客戶對商品從不知到滿意；靠你的努力，感染強化客戶的信心。實際使用商品，體會其功效，是增加商品說服力的重要原則。

2.相信自己：你說的是真的嗎？你用過了嗎？你可以做後續的服務嗎？對產品有信心，對自己有信心，相信自己有能力去說服客戶接受產品。

3.專業知識：充分了解所銷售的產品、所從事的行業，以及競爭者的產品，擁有豐富的專業知識，就能輕易將產品完整介紹給顧客。

4.掌握時效：懂得掌握成交的時效，就不會歹戲拖棚；有能力讓客戶當下做決定時，就不要等下一次。

5.用心聆聽：從聆聽當中發現顧客的需求，沒注意聽，常會錯過成交的機會。

6.有幽默感：化解與顧客之間的僵局，舒緩彼此之間的氣氛。

7.拜訪老顧客：攻下一個新顧客需要用八成的力量，但維持老顧客只要用兩成的力量，把多餘的力量用來做下一筆生意。建立好口碑，將來無論你賣什麼，顧客都會接受，甚至可以扮演終身健康顧問的角色。

8.抓住機會：保持敏銳度，不放棄任何一個可以銷售的機會。

9.始終如一：面對任何顧客都是一樣的服務態度，任何時間都是一樣的專業水準。

10.適當場所：選擇一個避免被干擾，又能讓顧客輕鬆自在的地方，在無拘無束的氣氛中，自然而然地達到銷售的目的。

15. 推薦時，請注意！

選擇合適的夥伴，才能倍增組織。尋找組織夥伴，就像企業找合夥人一樣慎重。沒有一個組織不走人的，但重要的是來的要比走的多，推薦是讓組織擁有旺盛戰鬥力的主要源頭。推薦時，要注意：

1.並非每一個顧客都是經營者

所有的人都來這個產業找「幸福」，有的希望改善收入，有的需要改善健康，有的期待更受歡迎，因此要先弄清楚對方的屬性，是適合當消費者還是經營者，找出其可能經營的動機，提出能滿足其需求的要件，再進行推薦。

2.具備何種特質適合擔任經營者

A.個性主動、樂觀、積極、進取：不主動的人只適合當消費者；悲觀的人每天都浪費時間在撫平傷口、恢復情緒；積極而不著急，維持作戰的勇氣；有進取心，希望讓自己更好。

B.誠實肯付出：努力是為了永續的經營，欺騙不會永續，只會有短暫的迷惑。

C.對改善生活品質有強烈渴望。

D.對人的感受性強：很容易被感動，才容易感動別人，將理念傳給別人。

成功推薦的關鍵技巧

1.懂得分析環境趨勢，創造對方改變的動機。

2.有效溝通與解說傳銷，讓對方真正瞭解與深刻認同。

3.凸顯我們事業的優勢，讓對方產生足夠的興趣和信心。

4.給對方初步的經營規劃，讓對方有具體的方向感。

5.改變自己既定的觀念，絕不自我設限。

16. 輔銷品，小兵立大功

「**輔**銷品」顧名思義就在「輔助銷售」，雖然是用來烘托主角（產品）的配角，但如果沒有輔銷品，行銷就顯得呆板無趣。在「輔助銷售」的定義下，輔銷品的範圍相當廣泛，讓人目不暇給。

近年來流行公仔，輔銷品就變身成為公仔；前些年流行吊飾，輔銷品就叩起來成為吊飾；輔銷品也與產品屬性有關，美容保養品的輔銷品，不是小樣品就是化妝包，保健食品則不是隨身瓶就是隨身盒，精油也同樣有小巧的樣品，提供試用。有人以為輔銷品就是贈品，其實，輔銷品一旦設計得好，就蘊含了輔銷的功能，能夠讓人因為輔銷品而購買產品。

直銷公司可以說是將輔銷品應用得最為廣泛的產業，但是，也不脫幾個方向：宣傳品方面，如事業手冊、產品QA、海報、DM、產品目錄、雜誌等等；工具系列，如量杯、刷子、攪拌器、攪拌匙等等；見證系列，如錄音帶、錄影帶（DVD）、見證集等；還有企業識別系列，如名片、Polo

衫、包裝紙、萬用手冊、提袋、公事包等等。

　　有些輔銷品，可以引起潛在顧客的好奇與注意，近而促成談話與介紹的機會；有些輔銷品，可以提出有力的證據和完整的說明，以彌補一個人自說自話的單調與單薄。除了這些制式的輔銷品，其他符合個人或體系使用的輔銷品，則可在公司許可的前提下各自開發。對直銷商來說，設計精巧、精準的輔銷品，可說是在開拓事業以及輔助銷售上的得力助手。

17. 如何面對拒絕？

所謂銷售和推薦，在某種意義上就是克服顧客的拒絕；因此，瞭解顧客說「不」的真正含意，爭取進一步溝通、改變對方觀念的機會，對直銷人來說，是非常重要的課題。

當拒絕訊號出現時：

1.了解拒絕的型態：前30秒是關鍵時刻，給自己傾聽顧客心聲的機會，瞭解對方是：A.真的拒絕→真的不要；B.假的拒絕→想殺價；C.隱藏性的拒絕→提出下次見面的時間，主動跟他聯絡，客戶可能留給你一點點希望，要快速測出其拒絕的型態。

2.了解拒絕的分類：拒絕價錢；拒絕品質；拒絕包裝；拒絕服務；拒絕公司；拒絕訂量；拒絕交貨時間與方式（不能馬上取貨）；因為競爭品牌而拒絕你；沒有需求。

3.針對拒絕提出解決

A.不信任：提出證據和數據等資料來證實論點。

B.不需要：可能顧客還不瞭解內容，讓顧客正視問題的

重要性，進而產生需求。

　　C.不滿意：可針對顧客指出的優缺點分列兩邊，嘗試讓顧客明白產品效益比他指出的缺點多且重要。

　　D.不可能：若對方表示沒有錢或沒有閒，不妨先以幽默法應對，接著提出舒緩付款的方式及條件，或介紹價格較低的產品，或另外推薦其他適用的產品類型。

　　處理拒絕時的關鍵要訣：真心聆聽、冷靜處理、婉轉答覆、避免爭辯、不捏造事實、不厭煩、不插嘴、當客戶出錯不輕蔑、不可表現敵意。

18. 如何面對質疑？

異議問題的出現是必然和正常的，在人類的社會活動中，只要對其他任何人試圖採取諸如影響、宣傳、勸說、說服、溝通、銷售等行為，都會遭遇到；應抱持比較積極正面的角度去看待，它也是直銷事業挑戰精神與目標達成的關鍵流程，同時考驗我們處理問題的專業實力。

面對異議問題的心態和原則：

1.順著對方，不要逆鱗

不對立衝突，站在同理心的立場處理問題；在認同對方意見之後，下一步再用自己的經驗或發現，婉轉提出不同的看法，間接扭轉對方的說詞。人都不喜歡被駁斥、否定、糾正，別因為贏得了爭辯而失去了友誼。

2.打蛇七寸，攻其要害

當反對問題攻防陷入膠著，可能是需求、價格、急迫性等阻礙成交時，可以用「愛恨交織法」，去放大對方的渴望想像或者危機恐懼，迫使他降低猶豫、排除困難、採取我們建議的行動，以突破僵局。

3.是幫顧客買到物超所值的東西，而不是我們需要業績

「百術不如一誠」，內心真的為顧客著想，堅信他買到賺到、不做損失，且成交後真心替對方高興，而不是因有業績而暗自竊喜；基於這樣的信仰，身心口意會結合成強力的磁場，才可以感染、感動對方。

4.是助別人達成合理目標，而不是我們需要增員對象

想要進一步破解難題和看清可能的機會，最好「換上顧客的腦袋」、「用顧客的眼光看世界」，比較能找到共識，減低各說各話的分歧。

5.陷入重攻擊，懂得全身而退

和潛在顧客正面衝突是不智的，甚至是浪費精力的；在異議處理中，人們為了贏得爭辯，容易陷入意氣之爭，貶低對方、蓄意攻擊、為反對而反對。如果碰到這種情形，要懂得自我保護，不要生意做不成，還弄得一身腥。

6.讓自己具備更大說服力的籌碼

籌碼包含感情認同、個人形象、見證改變、專業素養等，如果自己的條件不充分，團隊、會場、活動則提供一個可借力的平台。異議處理的難度不會因時間和次數而降低，排除障礙的功力也不因資歷而增強，最終仍須設法讓自己快速成長。

7.不需要批評貶損其他品牌或同業

一昧說別人不好，唯獨自己好，聽在消費者耳裡，只是偏頗言詞，反而帶出更多的質疑。每一個商品都有其特色和功能，也都有各自認同喜愛的對象；我們只要強調更適合選擇的原因，以及卓越領先之處即可，減少誇張渲染的質疑。

19. 成功締結的秘訣

在締結之前，可以透過一些細微的觀察，嗅出顧客所透露的可能成交訊息，如：

1. 當客戶伸手觸摸商品。

2. 當客戶詢問價格問題。

3. 當客戶說一些產品正面功能。

4. 當客戶身體趨向前，表示認真聆聽的態度。

5. 當客戶以正面語氣尋求旁人意見。

6. 當客戶提出問題並對你的回答滿意。

7. 當客戶堅持談論主要話題。

8. 當客戶洽詢訂購方式。

9. 當客戶詢問誰買過此項產品。

10. 當客戶抱怨現在使用的商品。

締結的訣竅

1. 總而言之加減乘除法

加：把所有的好處加起來。

減：把所有的困難、疑慮挪去。

乘：把所有的效果乘起來。

除：把單位成本除下來。

2.比較法：如，百貨公司專櫃小姐不認識，你都敢買；而我是專人服務，又是你可以信任的朋友，為何不買？

3.選擇法：只給顧客兩個選項，是要整套使用，還是單獨使用？

4.暗示法：例如，我以前也常猶豫不決，後來發現勇於下決定之後比較容易賺到錢；我發現注意皮膚保養的人，婚姻比較幸福……

5.讚美法：讚美顧客的選擇是對的，連遭拒絕都要讚美他有見地，有時顧客就會回心轉意。

進 階 篇

20. 如何辦好家庭聚會？

家庭聚會（Home Party，簡稱HP）舉辦的目的是，以輕鬆的方式，在真誠的氣氛下，進行產品推廣和組織發展，並聯絡組織成員的情感，同時做新人個別教導，是直銷事業最常採用、溫馨歡樂的促銷方式。

集會方式：至少每週一次，人數以6~12人為主。

集會時間：以90分鐘~2小時較宜，最好一氣呵成。

事前準備工作：

1.提前確定場地：兩週前通知小組成員進行邀約。

2.夥伴分類：同時具備四種類型：消費型客戶、兼差型、專業型、領袖型。

3.指定主持人、產品與事業分享者、指導者。

4.主人事先準備各項用品：不要弄得像餐會，肚子裝得飽飽，腦袋卻空空，容易失焦，準備的點心或水果要避免使手油膩弄髒。

5.夥伴親自帶領新朋友至會場：不要用相約方式，減少其陌生感。

活動順序：

1.會前會：事先規劃好所有流程，如果能讓新朋友幫著一起做，成交率會更高，一邊幫忙做事，一邊撤除心防。

2.引導認識：介紹認識，帶領與在場的每一個夥伴握手，尤其是大Ａ。正式開始前可以一起看照片、放影片，避免銷售行為太濃厚，活絡氣氛後準時開始。

3.主持人開場白：自我介紹、謝謝主人提供場地及點心，謝謝大家參與聚會。接著安排夥伴自我介紹，每人3分鐘，介紹姓名、職業、興趣等；大Ａ不需要自我介紹，而是由主持人來T-UP（抬升、推崇）大Ａ。

4.大Ａ主講：產品介紹20~30分鐘→簡介、示範、說明特色與用途→分析所得到的好處。

5.夥伴分享與見證：客人中如果有事業型的人才，就需要安排事業見證，不能獨厚產品見證。

6.會中會：主持人簡單介紹公司用何種心態經營→出點

心、飲料→找出合適（與自己同質性強）的人進行一對一談話→主持人找最有興趣的新朋友交談，此階段約進行20分鐘，時間一到即停止。

7.新朋友分享：引導最適合的人進行分享。

8.問題解答。

9.結語：主持人再一次感謝參與。

10.締結：試用或試穿產品。

11.售後服務與跟進：不管是否成交，打電話謝謝每一位，強化家庭聚會聯誼、認識新朋友的感覺，淡化做生意的意圖。

12.會後檢討：建立組織團隊操作的默契，每一次做完就檢討修正。

21. 如何辦好創業說明會？

創業說明會（Opportunity Presentation，簡稱OPP），是直銷公司最常舉辦、也是最基本的課程活動，人數從十幾人到幾千人都有；藉由公司或各地區中心所舉辦的創業說明會，以組織整體運作模式，塑造會場氣氛，提升老夥伴與新朋友的興奮感，並經由講師團的精闢分析與講解、產品見證、事業分享，訴說夥伴個人在使用公司產品後所獲得的改善，與經營事業後所獲得的自我成長，讓新人受到感染，提升加入意願。

舉辦時間：以**40~90**分鐘為宜，不要拖到太晚；內容只負責盤球到最適合的位置，會後會才是踢球進洞；主講者是上台賣瓜的人，只負責盤球，由會後會其他大A去踢球進洞。

內容結構：產品與事業見證、公司簡介、產品說明、簡單的制度說明、機會訴求。

舉辦OPP注意事項：

會前會

1.提前到達：老夥伴提前30分鐘到。

2.廣結善緣：即使沒有邀約到新朋友，也要到會場參與，觀察別人的運作方式，並扮演配角，當鼓掌大隊。

3.輕鬆寒暄。

4.握手結緣：新朋友到達會場，每多握一次手，心防就多卸下一次，尤其是要與主講者握手。人伸手多次，就容易熱絡起來。

5.不喝水、上廁所：不要倒水進會場，以免手拿水杯無法拍手鼓掌，或時時擔心水會打翻，而無法專心聽講，甚至中途想上廁所。

會中會

1.往前坐。

2.靜陪旁坐：陪在新朋友旁邊。

3.微笑點頭：人在點頭時，就容易接受。

4.鼓掌舉手：如果有人反應冷漠，詢問其不舉手是代表什麼意思，讓他知道你已注意到他。

5.專注觀察：新朋友有興趣、認真聽的段落何在。

6.記筆記：讓新朋友感覺演講內容很重要，而且你很專注。每次記，每次寫一樣的內容，以後不用背就會講OPP。

7.營造氣氛：主持人邀約「願意分享的請舉手」，要快

速舉手，或一窩蜂的跑上台，讓人覺得氣氛熱絡，成交的機會就提高。

8.**堅持留住**：新朋友若須提早離開，自己一定要堅持留下，以顯示聚會的重要性。回家後打電話給他說：「很抱歉，因為這一場說明會很重要，所以我無法跟你一起走，你先離開，真的很可惜，之後有很精彩的內容，有機會再與你分享，或再幫你安排參加。」，留個引子，製造下一次互動的機會。

22. 會後會，打鐵趁熱

OPP會結束後，不是任由各組織領導人大聲呼喊夥伴集合，這樣會使會場像菜市場，不僅整體流程混亂，更會讓新朋友感覺不好，進而影響到加入的意願。因此，當說明會結束之際，應當由主持人或講師為會後會做鋪陳。

創業說明會的「會後會」舉辦得好不好，就成了說明會成功與否的重要關鍵，畢竟，參與的夥伴聽得再認真，還是要透過會後會才能有效成交，而且透過小組的會後會，才能解決夥伴的問題和疑慮，達到締結的作用。

會後會的效益有：

1.成功締結新人；

2.解答疑惑；

3.再次加強對事業和產品的信心及興奮度。

一般來說，說明會的會後會通常以小組的方式進行，以便在溝通之後能夠做直接成交的動作，如果會後會人數太多，只能先做氣氛的強化，然後在夥伴感受很好、充滿加入的熱情之後，再細分為小組，個別做成交的動作。

成功的會後會必須具備以下幾個要件：

1.座位安排：圍成圓圈，不要形成「容易走」的氣氛，事先分組並選派大A，不要讓新朋友把問題帶回家。

2.善用ABC法則：在會後會的安排上，能夠做強化並且協助夥伴做成交動作的A角色是關鍵；所以，每個會後會小組必須安排有能力成交的A。而會後會的主持人或是引導者則是B角色，由B來引導整個會後會的進行，並且T-UP A，讓A透過強化進行成交的動作。

3.鼓勵分享心得。

4.新朋友提問題不立即回答：由大A統一回答。

5.會後跟進與輔導：快速安排參加訓練課程，以增強對產品與事業的理解。

23. 如何有效溝通？

直銷事業是一個講求魅力與影響力的產業，如果沒有了魅力與影響力，如何帶領更多夥伴獲致成功呢？而魅力與影響力的散發，就是來自一個人的溝通能力。

溝通的目標之一就是想法要被對方接受。《與成功有約》的作者史蒂芬‧柯維提出一套理想的溝通策略：Seek first to understand, then be understood.意思是：先顧及對方的想法，傾聽他的聲音，然後再讓對方了解你。優秀的直銷商必須像一個諮商者，懂得引導對方與你合作，而不只是一個推銷者。

可運用「三要」與「三不」溝通策略：

三要溝通策略

1.要選對話題：選對話題可以讓對方放鬆心情，侃侃而談。許多人講究效率，有話直說，然而溝通不能只講效率，而是要兼顧溝通品質與效果。

2.要真心：與人溝通時，語態、眼神、臉部表情、修辭

聲調、身體語言，都要表現真心。能真心為對方設想，才能維持長期合作關係。

3.要誠意：態度誠懇讓對方難以拒絕，是最好的推銷技巧。溝通時常用「我非常希望」、「我誠心邀請你」、「我很樂意」等語句，對方會不好意思說「不」。

■ 三不溝通策略

1.不能急：溝通表現很急，表示你急於締結，對方會產生壓力。除非你與對方已經討論很久，只缺臨門一腳，否則不宜過度急躁。表現穩重自信反而可以贏得對方的信賴。

2.不能反駁：溝通不能直接反駁對方或爭吵，要是他們覺得不愉快而翻臉，溝通反而導致反效果。成功的領導人對下線提供的是無限的支持與激勵，絕不在溝通中反駁他們。

3.不能氣盛：一般人都不喜歡他人以強勢姿態溝通，不要在對方還在猶豫時說：「你不做，還有很多人要做！」、「這樣拖拖拉拉是不會成功的！」顧客要不要買或要不要成為你的下線，除了緣份之外，先建立好感、再建立信任關係，比急於推銷商品或制度重要得多。

溝通時不要吝於付出時間，而表現得急躁或盛氣凌人；珍惜每一個客戶或下線，就等於創造新的機會。如果對方猶

豫不決，不要心急，把重點講完就可以結束話題，並客氣地
請對方慎重考慮。不逼他，他可能回頭來；一逼他，反而容
易反彈，這就是一般人的心理。

24. 如何輔導下線？

來到直銷事業的人，多是抱持無限的希望，每帶進一個新朋友就是我們無限的責任，帶幾個人就意味著要影響多少個家庭。身為上線必須扮演幾種角色：

1.**專家的角色**：給予知識與技術的諮詢與教導。

2.**師父的角色**：親自示範，以身作則，帶領下線一起做，自己做不到的事情，不要要求下線做。

3.**家長的角色**：付出愛與關懷，給予信賴跟安定的力量。

輔導下線，除了專業上的指導，更重要的是，情感上的陪伴與行動上的支援，經常替下線打氣，願意多做示範，陪同作業，隨時給下線極大的鼓勵；甚至多介紹成功者給下線認識，多讓下線有上台表現的機會，適時給予獎勵，帶著下線一起參加活動，拓展視野，都是增強組織凝聚力的好方法。

輔導下線，建議把握幾點原則：

1.多激勵下線，如果可以的話，安排家庭聚會，找一個

大家都有空的時間，做一些產品示範，說明一下目標與願景。

2.協助下線訂定目標，好的領導人會協助下線達成目標，但不是用壓迫或利誘的方式，而是鉅細靡遺的說明如何藉由「協助別人成功而達成自己的成功目標」。

3.定時與下線聯絡或見面，說明創業機會與獎金制度，讓他們知道直銷事業是長遠而且有保障的。

4.上線必須具備領導人的特質，並以身作則，展現出樂觀積極的一面，讓下線認為這是一個令人充滿希望的事業。

5.團隊合作與充分溝通，身為領導人，要多站在下線的角度著想，如果下線工作很忙，或是不知如何銷售與推薦，就配合一下，給予鼓勵和協助。

25. 靈活運用組織資源

對於缺乏經驗的新人來說，剛開始經營時總會遇到種種問題，這時，最需要能夠提供一切成功資源（包括經營模式、運作技巧、和輔導諮詢等）、協助面對挑戰、跨越障礙、邁向巔峰的力量，這股巨大的力量提供者，就是組織體系。

直銷組織的功能

1.導航的功能：組織是引導新人前進的路標，沒有人天生會做直銷，但組織會引導正確的經營途徑，避開失敗的誤區，提高成功的概率。

2.複製的功能：組織是結合眾多成功者的經驗和智慧，建構一套可以為大多數人接受的運作模式，並且具備簡單、易學、易教、易複製等特點。

3.文化的功能：懂得直銷運作精髓的人不會想用個人力量改變別人，而會努力塑造文化和環境影響夥伴，組織便是運用文化改變人們思維、影響人們行為、引導人們追求成功

的最大力量。

　　4.**整合的功能**：在團體中，每個人都是獨立的個體，有不同的思維、不同的行為模式，如果都以個人的喜好模式運作，必定會造成混亂；而組織透過一致性的理念、思維、文化、模式，提供有效的複製模式。

　　5.**凝聚的功能**：在直銷行業，人們可以選擇長期經營，也可以隨時離開；因此，團隊的凝聚力比傳統企業更為重要。組織的威力和作用就在於，在統一的目標和思維模式的指導下，大家長期配合、建立互信，以加強凝聚力和向心力。

為什麼要跟隨組織？

　　1.組織可以給予成功的模式。

　　2.組織可以給予完整的資源。

　　3.組織可以給予情感的支持。

　　4.組織可以給予內外的成長。

　　5.組織可以給予推薦的力道。

　　6.組織可以減少孤單挫折感。

如何跟隨組織？

1. 聽從組織的操作準則。

2. 認同組織、瞭解組織、熟悉組織。

3. 練習講事業計畫。

4. 大量使用產品，累積見證。

5. 每天服務優惠顧客。

6. 聽組織培訓CD，強化自我學習。

7. 每天閱讀，充實內涵。

8. 參加團隊聚會，增加凝聚力。

26. 如何建立顧客關係？

為什麼要建立顧客關係？因為，忠誠的顧客願意持續購買企業的產品和服務，其消費額度約是隨意支出的2~4倍。而隨著忠誠顧客年齡的增長、經濟收入的提高，對於產品的需求量也將進一步增長。此外，吸引新顧客需要花費大量的開發精力和成本，但維持與現有顧客長期關係的成本卻是逐年遞減。

而且，對於某些較為複雜的產品或服務，新顧客在做決策時會感覺有較大的風險，這時老顧客的建議往往具有決定作用，他們的有力推薦比各種形式的廣告更為奏效；這樣，既節省了吸引新顧客的成本，又增加了銷售收入，也增加了利潤。

優秀的直銷商必須與顧客做有計畫的聯繫，完整記錄每個顧客所訂購的商品，交貨日期、以及何時需要再次叫貨，然後根據這些記錄去追查訂貨的結果。其他維繫顧客關係的具體措施包括：

1.從細節著手累積顧客滿意：客情維繫的基礎是顧客滿

意。而建立顧客忠誠必須提供超出客戶期望的價值，尤其要注重服務的品質。

2.建立顧客信任：用真誠換忠誠，有時甚至必須犧牲一點眼前的小利，而圖長遠的利益。

3.「一對一」服務是建立顧客忠誠的重要手段：經常透過電話聯繫，或者在顧客生日時贈送卡片、小禮物，都能夠使顧客感到一種特別的親近感。最好能經常性地回訪，瞭解顧客購買產品和接受服務的情況，聽取他們的意見，讓他們感受到親人般的關心，這樣他們就不會任意不告而別。

顧客滿意不只是一種口號，不只是一種制度，更是一種態度。唯有全心投入，才能真正深入；唯有真心付出，才能真正傑出；唯有贏得顧客信賴，才能贏得友誼、贏得生意。

27. 使用追蹤與售後服務

一個負面要七個正面才能扳回，所以，不能功虧一簣，輸在售後服務上。每位直銷商都是公司的代言人，所說的話都會讓顧客認為代表公司，你的表達對客戶來說就是公司的承諾，做不到時會讓公司揹黑鍋。第一次成交是往後銷售的序曲，溫暖貼心的售後服務是事業拓展的關鍵，會讓新顧客樂於做你的下線夥伴，更有機會因銷售產生事業的延伸。

售後服務的步驟

1.隔週：關懷是否開始使用產品、使用是否正確。

2.估計產品用完的前一週：所有商品都有被取代性，要在顧客用完以前及時提供服務。客戶也可能改變增加使用量，透過定期的問候掌握其使用狀況，與下次提供服務的最佳時機。

售後服務的原則

1.稱讚鼓勵。

2.生活關懷：家人如何？生活如何？

3.理念教育：對顧客有教育的責任，讓顧客對產品有更多的理解，較能長期掌握顧客。

4.邀請參加活動：顧客變夥伴之前，先邀請其參加活動，讓他先經過暖身喜歡這群人，再往下推展，不要直接切入事業，旅遊是很好的方法。

5.緣故開拓：好東西與好朋友分享，告訴顧客應該也要將這麼好的產品訊息讓好朋友知道。

6.推薦參加：鼓勵顧客由消費者變成消費型會員。

28. 直銷人的財務管理

「**拼** 經濟」是許多人選擇投入直銷事業的硬道理，但錢財和骨質一樣，除了要留意進來的速度，還要注意流失的程度，以及留下來的密度。從「會賺錢」到真正「變有錢」，關鍵在於適當的理財規劃。

以下是直銷事業容易出現的財務瓶頸與處理對策：

1.打腫臉充胖子：有些人為了吸引下線加入，只好吹噓自己的事業收入，並且裝得像有高收入的樣子，而在充了胖子之後，自然少不了一些不必要的高消費。

處方箋：將直銷收入與其他收入分開管理，坦然面對並呈現直銷收入的真相。

2.預期過於樂觀：看到上線的高收入，以為自己很快也會晉升為高所得階層，而容易揮霍失控，導致財務週轉不靈。

處方箋：設定每個月直銷事業的必要花費，控制支出，維持健康的現金流量。

3.初期收入不穩：經營初期，獎金收入不多也不夠穩

定，即使擬定了財務目標，也很難如願達成，讓人感覺好似一切都屬空談，做不做計畫都一樣。

處方箋：控制支出，提高變現性高理財工具的投資比例，並做好風險規劃。

4.沒有儲蓄目標：由於直銷事業需要高度的時間投入，因此許多直銷夥伴只將焦點放在收入目標的設定上，忽略了隨著收入增加，儲蓄和投資目標也該一併調高。

處方箋：把儲蓄和投資當成固定支出的一部份，養成強迫儲蓄或投資的習慣。

5.過度擴充投資：有人在事業初具規模之後，便急著設立體系中心、聚會據點，然而一旦收入不如預期，每月固定的管銷費用便會讓人入不敷出。

處方箋：有多少錢做多少事，等月收入超過15萬，再增列組織管理費不遲。

6.下線開口借錢：下線有急難，上線袖手旁觀好像說不過去，但下線何其多，問題又何其多，一旦開了例，只怕從此沒完沒了，讓你疲於應付。

處方箋：最好開宗明義避開金錢往來，否則便要有借錢等於送錢的心理準備。

29. 為了領先，需要學習

直銷是經營「人」的事業，「人才素質」在直銷事業的發展過程中，佔有關鍵的地位。直銷公司如何將平凡人變身為銷售王、推薦王，如何讓原本互不從屬的個體變得緊密連結，所有的秘密都在教育訓練裡。

活到老、學到老，可以越活越好。「學」是觀念與方法的理解，「習」是經驗與技巧的獲得；因此必須有學又有習，才能達到學習的效果，不能只是聽過去而沒有聽進去，聽如何操作HP，從來不辦HP，聽講師培訓課程，從來不上台，紙上談兵是沒有用的。

如何學習？

1.觀察：這是最重要的學習，人的很多能力來自看別人怎麼做，讓語言和行為圖像化，產生有順序的時間點。

2.閱讀：隨時汲取新知，讓自己不跟時代脫節。

3.聽：參加公司或體系辦的訓練課程。

4.做：所有學習最快的方式就是實際操作，可從中獲得

很多經驗,一回生、二回熟。

5.反省、檢討:成功的人是記住經驗、忘掉痛苦,因而排除萬難;失敗者是記住痛苦、忘記經驗,永遠被萬難排除。

學習什麼?

1.**觀念態度**:觀念存內心,態度形於外,觀念態度正確,人才有正確的方向。

2.**專業知識**:具備產品相關的專業知識,可以使產品變得有價值,使市場變大:沒有人會跟醫生殺價,因為相信醫生的專業,專業知識讓你有創造力量,可以創造出市場規模。

3.**銷售技能**:讓你懂得借力使力,懂得跟顧客更貼近。

4.**組織運作**:組織的運作是為了倍增時間、倍增力量,不要倍增一堆浪費你時間的人。

5.**社會雜學**:任何社會雜學都有用的可能性,使你的適應能力變強,生存空間變大。

學習的最終目標,是要能做、能實際應用,對於直銷夥伴來說,更重要的是,要能夠把別人教到會,而這也正是直銷事業成功的精髓——複製。

30. 國際市場的開拓與展望

台灣很小，不能只用本地的眼光看自己、或看地球。台灣的經濟型態是一個「出口」導向的國家，不能光倚賴本地市場自給自足；直銷人也一樣，如果長期侷限在一個熟悉卻擁擠的市場，無疑是劃地自限，甚至可能是守株待「斃」。

　　華人在全球直銷市場的貢獻與勢力，絕不容忽視。華人的團結、機會主義、堅忍力與高度應變能力，正是直銷成功所必須具備的。全球10大直銷市場，到處可見華人的蹤影；所以，華人聚居的地方，通常也是較容易發展直銷的地方。

　　做國外市場成本很高，一般的思考當然是設法在極有限的時間中，快速透過人脈接觸名單，篩選出有意願、有條件的「經營型」和「潛在領袖型」人選，然後迅速做「起步動作」和「技術移轉」，並規劃下一次階段性出現的「集中聚會」與「課程活動」支援。此外，最好在當地公司有業務行政系統人員，能做支援性的關懷，再加上運用網際網路即時聯繫，才能降低經營變數、提高生存機率。

　　商品無國界，直銷也一樣無國界。「地球村」的概念已經喊了好幾年，在科技發達的今天，世界已經被抹平，直銷人，也應拉大視野、拉高格局，跟著公司的腳步，跨出一地之限，你將發現：**人在哪裡，市場就在那裡。**

總裁小語錄：努力之前要先做出正確的選擇，否則緣木求魚，終究一場空。

總裁小語錄：世界上，沒有卑微的工作，只有卑微的工作態度。

總裁心語

三十五年的職場生涯，

跨足了三個在當年均屬開創性的產業，

從銷售交通器材、到公關、到直銷，

從小業務員做到跨國公司總裁，

勞苦有之，困挫有之，就是沒有退縮、沒有放棄，

點滴心得希望能成為你邁向成功的幫助。

1. 建立健康的心態

我的第一份正式工作是在知名美商企業3M公司，當時做到了華人的最高位階，公司知名度高，福利又好，公司配車、國外旅遊、加入高級俱樂部，許多人羨慕得不得了，為此，在3M，一路做到退休的大有人在。

然而，我在老同事的力邀下，卻毅然離開3M，到安麗擔任業務經理。當時，安麗在台灣還是一間名不見經傳的新公司，而且是直銷公司，去了之後能有多大發展還不知道，就得先忍受旁人異樣的眼光。

果真，聽到我異動的消息，3M的同事大部分都不看好，有人好心勸我，別往火坑裡跳，堂堂3M業務經理幹嘛跑去當「老鼠頭」！甚至，有人還警告我一旦進入直銷業，過去的人脈都會不見，朋友都將避之唯恐不及。的確有好一陣子，很多朋友真的不敢接我的電話，連我自己在進入直銷的前半年，也不好意思拿出名片。自己心態都不正確了，遑論他人？

其實在決定轉職之前，為了瞭解直銷事業、人際網路的運作模式，我做了一些功課，買書來研究，覺得這是一個

嶄新的行銷概念，極符合我喜歡和人互動的個性。有人說：「生命是罐頭，膽量是開罐器，要握著有膽量的開罐器，才能打開生命的罐頭，品嘗裡面的甜頭。」我在初期，即使有膽識打開罐頭，卻沒膽量請人一起品嘗。

很多直銷夥伴現在也常存有這種不正確的心態，明明從事直銷相關活動，卻不敢大方表明身份，為什麼做直銷要做得像見不得人、羞於啟齒？如果身為直銷人連自己都說服不了，又如何說服別人？如何擴張人脈網絡、事業版圖？

直銷在台灣發展近30年來，有許多人因為直銷而改變人生，有許多人因為直銷而重拾健康；根據最新的統計，台灣甚至有1/5的人口在從事直銷。這個行業有主管機關、有管理辦法、有協會、有商德約法，一切攤在陽光下，為什麼要躲躲藏藏、隱隱晦晦的？有健康的心態，才有健康的作為；有健康的作為，才有傑出的表現。現在起，請勇敢大聲地說：「我在做直銷！」

總裁小語錄

生命是罐頭，膽量是開罐器。

2. 打開人生另一扇窗

我在大學念的是日文，選讀的原因是我看到當時日系企業在台灣的影響力非常大，幾個重要產業的龍頭企業大半都為日商所盤據，加上日本企業奉行終身雇用制，如果能卡到一個位置，只要不犯錯，就能一直做到退休，跟公家機關的鐵飯碗沒兩樣；因此我原先的盤算是把日文學好，比較有機會進日商公司謀得一職，從此一輩子不愁沒飯吃。

但人生的路很少是順著自己的意思一路走到底，在一次偶然的訪友機會裡，一腳踏進了美商企業，之後便一路都在美商工作，當時學得還不錯的日文幾乎派不上用場，講得不太好的英文卻得天天掛在嘴邊。

我同樣也沒料到，自組公關公司後，承接了美商如新（NU SKIN）公司來台開拓市場的專案，竟然影響了我此後十幾年的職業生涯，這一切原不在我的計畫中，卻是我人生中最重要、最具代表性的階段。接受了如新創辦人的邀約，我的身份便從協助籌備的廠商負責人，變為台灣分公司總經理，而且一當就是十六年。

有人說過：「第一等人，是創造機會的人；第二等人，是掌握機會的人；第三等人，是等待機會的人；第四等人，是錯失機會的人。」如果，你還沒辦法創造機會，千萬要做個懂得掌握機會的人。在你沒有完全瞭解之前，不要輕易拒絕任何機會，誰知道上帝會在什麼時候，為你開哪一扇窗？

　　如果，你還沒辦法創造機會，
千萬要做個懂得掌握機會的人。

3. 成功一定有貴人

聽過「撿海星」的故事嗎？在澳洲有一個知名的海灘，它因每天的海浪潮汐會帶來許多海星而聞名。黃昏時刻，正值海水退潮，成千上萬隻的海星被海浪沖到沙灘上來，沒多久就被曬死，壯觀的海星屍體成為當地的奇觀。有一天，一個小男孩來沙灘玩耍，看到這幅景象，心中有些不忍，就彎下腰，撿起被沖上岸的海星，把它們一隻隻丟回海裡。

一位中年男子看著小男孩，搖搖頭說：「小弟弟，被沖上岸的海星這麼多，你不可能將它們全部扔回大海，更何況今天扔回去了，明天可能又被沖上來；將這裡的海星都扔回去了，世界上其他地方又有更多的海星被沖上岸。你這樣做並不會改變什麼？只是做白工罷了！」

小男孩笑笑說：「我知道我撿不完所有海星，但是對我手中的海星來說，它的未來已經改變了！」半個月後，這片海灘，擠滿了一群撿海星的人⋯⋯男孩的舉手之勞，改變了海星的未來，成為海星的貴人。

　　成功的背後一定有貴人相助，我一路走來也同樣有許多
貴人，包括：苦口婆心勸我不能放棄學業的長輩、借我幾個
月薪水買機車找工作的後勤官、以及在不同職場上不吝提拔
我的長官、在直銷產業惠我良多的馬來西亞直銷之父……等
等，在人生路上不斷提點我、幫助我。如果我今天算有一點
成就的話，他們功不可沒。

　　成功除了有方法，也一定有貴人，有時這個貴人就是你
自己。不要吝於成為別人生命中的貴人，因為他的生命將因
你而不同；也不要拒絕讓別人成為你的貴人，因為你的人生
有可能因此而改觀。

總裁小語錄

　　不要吝於成為別人的貴人，

　也不要拒絕讓別人成為你的貴人。

4. 選擇比努力重要

人生是一連串選擇的結果，不一樣的選擇會產生不一樣的結果，我們沒有辦法保證生命中的每一項選擇都是對的，但要懂得避免做出錯誤的選擇；否則緣木求魚，終究一場空。

就像你要挖一口井，是要選有水源的地方，還是在沙漠中挖井呢？我們從小就被告知要努力，卻很少甚至不曾有人告訴我們，努力之前要先做出正確的選擇，選擇在有水源的地方努力地挖井，而不是在沙漠中做著徒勞無功的努力。

在直銷界，我有一位很重要的導師——莊來發（L.H. Choong）。L.H. Choong有馬來西亞「直銷之父」之稱，曾經做到安麗的全球副總裁。馬來西亞的直銷業發展比台灣早，安麗早期成功的高階領袖很多是來自馬來西亞。

我在安麗時，經常到馬來西亞找莊來發取經，在他的指導下，得到很多啟發。他告訴我，直銷是一個上行下效的事業，必須靠著三大支柱——3S撐起，分別是：銷售（Selling）、推薦（Sponsoring）和服務（Service），缺一

不可;如果上線只顧著推薦而不銷售,下線就會跟著上線這麼做,一旦沒有持續的銷售做基礎,組織早晚會崩盤。

　　他告訴我對待直銷夥伴要像家人般關心,不能開口閉口只有銷售、銷售、推薦、推薦。他很清楚直銷是一個市井小民成功的天堂,這些人多半沒有受過太多正規教育,不知道如何開始,也不知道如何進行,公司必須從頭教起,包括專業知識、溝通技巧與應對禮儀等。

　　這一點給了我很大的啟示,不管在哪一家直銷公司任職,我都投注很多心力在直銷商的教育訓練上。每次在表揚大會上,握著一雙雙粗糙的手,看到他們因為做對了選擇,在直銷事業裡努力成就,而改變人生、改造自己,就覺得這份工作格外有意義。

努力之前要先做出正確的選擇,

否則緣木求魚,終究一場空。

5. 態度決定一切

「**態**度」攸關著生涯發展，它可以鼓勵你積極行動，也可以變成毒藥，癱瘓你的能力。世界上，沒有卑微的工作，只有卑微的工作態度。現實生活中，每個人所做的工作，都是由一件件的小事所組成，成功者也做著同樣簡單的小事，唯一的區別是，他們從不認為自己做的是簡單的小事。

美國成功學家格蘭特說：「如果你有自己繫鞋帶的能力，你就有上天摘星的機會。一個人對待生活、工作的態度，是決定他能否做好事情的關鍵。」

由於家境關係，我必須半工半讀，十六歲那年，我的第一份工作是送報紙，上班時間是凌晨三點半，地點在萬華的徵信新聞。當時我才高一，還算是童工，但他們破例讓我送報，在所有送報的人當中，就屬我年紀最小。

每天凌晨三點，當我的同學還在溫暖的床上，沉浸甜美的夢鄉時，我就必須從暖暖的被窩起床，簡單梳洗後，三點半準時抵達報社。當時報紙是在各地方單獨印刷，報紙共分

為三落，我們必須先把三落報紙整合為一份，再捲起來送到每一位訂戶家裡。

一個月後，我領到這輩子的第一份薪水，立刻拿去繳學費。這是我人生中的第一份薪水，我還記得是兩百多塊，和我日後擔任外商公司總裁的千萬年薪相比，雖然相差千里，但對我而言，卻格外有意義。

1963年9月11日，強烈颱風「葛樂禮」襲台，整個台北市都在強烈的暴風雨籠罩之中。風雨這麼大，到底該不該去送報？我內心產生很大的掙扎。我很清楚被窩有多舒服、有多溫暖，但最後我還是「忍痛」起床，因為一旦報紙沒有準時送達，訂戶就會打電話來罵人，主任挨罵，我就會跟著挨罵。

剛開始送報時，我常常漏送，訂戶打電話來抱怨，主任就會遭殃，因為自己的疏失而讓主任挨罵，讓他揹黑鍋，我覺得非常不好意思，為了不讓主任再因我受累，只好勉強自己起床。

平常，我們每班大約有四、五十位送報生，颱風天只來不到十人。冒著風雨抵達報社，我將報紙包好，騎著腳踏車涉水送報。颱風天還不能將報紙隨便亂丟，要確實放進信箱內，才不會被大雨淋濕，這使得送報時間得加長，而且更加

辛苦。

　　大風大雨的凌晨三點，一個高中生要從舒適的被窩爬起，那種掙扎至今仍記憶猶新；但這也養成了我這一輩子做事的態度，是我至今仍秉持的原則——送報紙要確實送達，讀書要認真讀好；無論做什麼事，既然做了，就要把它做到好。

　　正因為那段時間的歷練，讓我日後在面臨挑戰時，始終擁有堅強的意志，覺得天大的困難都打不倒我，沒有什麼事情是無法解決的！

總裁小語錄

　　世界上，沒有卑微的工作，只有卑微的工作態度。

6. 誠實是上策

在德國，一些城市的公共交通系統售票是自助的，沒有檢票員，甚至連隨機抽查都非常少。一位中國留學生發現了這個管理上的漏洞，很慶幸自己可以不用買票而坐車到處遊走，在幾年的留學生活中，他一共只因逃票被抓過三次。

畢業後，他試圖在當地尋找工作。他向許多跨國公司投了履歷，卻都被拒絕。一次次的失敗，使他憤怒。他認定這些公司有種族歧視傾向，排斥中國人。最後一次，他衝進了人力資源部經理的辦公室，要求對方給出一個讓人信服的理由。

經理說：「先生，我們並不是歧視你，相反，我們很重視你。因為公司一直在開發中國市場，我們需要一些優秀的本土人才來協助我們。老實說，在工作能力上，你就是我們要找的人。」

「那為什麼拒絕我？」

「因為我們查了你的信用記錄，發現你有三次逃票被

罰。」

「我不否認這個，但誰會相信你們就為這點小事而放棄一個急需的人才？」

「我們並不認為這是小事。我們注意到，第一次逃票是在你來到這裡後的第一個星期，檢查人員相信了你的解釋，因為你說自己還不熟悉自助售票系統，因此給你補了票。但之後，你又兩次逃票。我合理懷疑在被查獲前，你可能有數百次逃票的經驗。」

「那也罪不至死吧？我改就是了！」

「不，先生，此事證明兩點：1.你不尊重規則，還因為發現規則中的漏洞並惡意使用；2.你不值得信任，我們許多工作是必須依靠信任進行的，為了節約成本，我們沒有辦法設置複雜的監督機構，正如我們的公共交通系統一樣。所以我們沒有辦法錄取你，可以確切地說，在這個國家甚至整個歐盟，你可能找不到敢冒險錄用你的公司。」

如新創辦人之一倫兆勳（Steven J. Lund），律師出身，是個誠實坦白的人，第一次和我面談時，他開門見山地問：「你對直銷很瞭解，你認為直銷是合法的嗎？」我很訝異他這麼提問，直覺地回答：「一家公司合不合法不能從制度面來判定，制度是被人執行的，好的制度也可能被惡意操

作成非法，公司是否正派，要看它是否有永續經營的思考與作為，時間會證明一切，不具誠信的企業，經不起考驗，自然會被淘汰。」這始終是我的信念，所以沒有多加考慮就脫口而出。

　　或許和宗教信仰與專業素養有關，倫兆勳希望自己做的事是誠信的、善良的，對社會有益的，絕對不允許所經營的事業有令人質疑的地方。這個精神令我非常感動，也是促成我願意加入的原因之一。事實證明：秉持誠信原則經營的企業，總能獲得最多的肯定、得到最好的成績。

不具誠信的企業，經不起考驗，自然會被淘汰。

7. 行動的力量

1973 年我進入公司時，3M才剛來台灣不久，公司就設在關渡火車站旁的鐵皮屋，雖然佔地面積很大，但外表一點都不起眼，完全不像想像中外商公司應有的豪華氣派。

進入3M，其實我沒有多想，只知道自己急需一份工作，管它做什麼，先進去再說；不會，學就是了，我相信只要肯用心、肯努力，沒有學不會的。一開始，我被派去銷售影印機。

大家都知道，影印機一向是全錄（Xerox）稱霸的天下，當時「供養」得起大型影印機的大型企業，幾乎都是他們的客戶。然而，台灣是中小企業王國，也是這佔了總體產業九成以上的中小企業，締造了台灣的經濟奇蹟。3M出產的影印機為小型機種，正好適合中小企業使用，因此，我就把客戶群鎖定在中小企業，心想：只要能守住這個市場區塊，光服務這些客戶，就有得忙了。想到這裡，不覺興奮起來，恨不得馬上帶著機器衝到客戶面前。

　　銷售事務機器，跟一般產品不同，沒辦法帶著機器挨家挨戶地跑，也不好把客戶都請到公司的產品展示間，而這種東西如果沒有親眼見到，光憑業務員解說、閱讀產品手冊，很難體會出該款影印機的優異性與便利性。

　　於是，我想到一個點子，租一台貨車，帶著機器、配備發電機，開到辦公大樓底下，從頂樓開始拜訪，一間一間敲門，一層一層往下走，把客戶帶到樓下的展示點，由銷售人員一邊解說、一邊示範，客戶現場見證，成交率大為提高。

　　而這一招還帶出一個意外的效果，貨車當場變成一輛活動廣告車，來來往往的路人看到有人在比手劃腳，有人在凝神聽講，好奇心驅使下便駐足圍觀，不一會兒，連附近大樓的人也下來一探究竟，聚集的人愈來愈多，場子愈來愈熱，銷售情形竟出奇的好。

　　藉由這個專案，我學到了「什麼是行銷」，行銷就是把不可能變成可能，原本以為不好賣的商品、請不動的客人，透過一點巧思，改變一下手法，就有成交的可能。行銷還必須搭配行動，與其坐等顧客上門，不如主動去敲顧客的門，門開了，機會就來了。

主動去敲顧客的門，門開了，機會就來了。

8. 冒險創新才有意外豐收

很多人以為我是含著金湯匙銀湯匙出生，實際上，我小時候家境雖然還不錯，但是和我日後的發展卻沒有什麼關係，真要說有什麼關係，那就是家道中落後，磨練出我絕處逢生的意志力，和把困難當挑戰的精神。

在生活中，有許多挑戰、許多問題和許多壓力，我總是不斷地想策略、找方法、尋求改變。而在尋求改變的過程中，有時候就必須走別人沒走過或者不走的路。

3M是很多人都想進入的理想企業，無論薪資、福利、工作內容、出國機會、企業知名度，都很吸引人，同事們都把它視為職場的終身停靠站，但是我不想就此「定住」，我想航向另一片大海，想看看更壯闊的風景。但是，哪裡才是屬於我的那一片大海，我必須自己找出來。

在我決定為直銷企業掌舵時，很多人認為直銷是老鼠會，我心中當然也浮現了幾個問號，我問自己：這會是屬於我的那一片大海嗎？我應該勇於轉換跑道、走一條不一樣的路嗎？最後，我決定冒一次險——離開3M、轉戰安麗，看一

看不一樣的風景。

在安麗任職期間,由於我負責的是業務與行銷,有機會赴海外參加訓練課程,了解到公司形象和公關對一家企業的重要性。愈瞭解,愈覺公關有趣,與我力求圓融的個性也吻合,想獨當一面的念頭越來越清晰。這一次,我決定冒一個更大一點的險——自己開公關公司。

如果我和大部分人一樣安於現狀,走在別人鋪好的安全道路上,我不會有機會在直銷領域闖出一番天地;如果我沒有勇氣創業,我不會接觸到如新這個客戶,當然也就不可能成為外商公司的總裁。人生充滿了意外,沒有一點冒險創新的精神,怎會有意外的豐收呢?

總裁小語錄

人生充滿意外,沒有冒險創新的精神,

怎會有意外的豐收?

9. 沒有不可能的任務

2007年3月，在台灣如新15週年大會上，一曲日本動畫大師宮崎駿著名的「龍貓」卡通主題曲——迷途的孩子，透過鋼琴的詮釋，串串音符就像一個個頑皮的孩子，爭先恐後地跳入耳際，叮叮噹噹，清麗悠揚。彈奏者是劉佩菁。

正值荳蔻年華的佩菁是個EB水泡性皮膚病（俗稱「泡泡龍」）患者，一出生就註定要遍體鱗傷一輩子，輕輕碰撞便會皮開肉綻，眼結膜、口腔、食道、肛門，全身上下長不完的水泡。媽媽為了不讓佩菁的手萎縮變形得過於厲害，從小就強迫她用彈鋼琴的方式進行復健，也希望她寄情美妙的音符，忘卻肌膚的疼痛。初學鋼琴時，佩菁的手都會起水泡，許多指法對她來說異常困難，讓她幾度想放棄，但為了復健上的需要，只好忍痛繼續練習。

勤練的功夫畢竟沒有白費，佩菁的手雖然免不了變形的宿命，但起碼保住了十指；雖然無法張開手一次控制十幾個琴鍵，但旋律一點也不馬虎。在媽媽的愛心與堅持下，佩菁

憑藉著毅力，克服先天的缺憾，表現令人刮目相看。

大會上，如新集團資深副總裁戴純娣（Sandie N. Tillotson）對於佩菁的表現又驚訝又感佩，希望我九月時克服萬難，帶著她飛越太平洋，在美國的年會上演出。這真是個艱鉅的任務，但我知道此行對佩菁而言意義非凡，便盡全力促成；擔心長途跋涉，佩菁的身體不堪負荷，我還特別請了醫護人員同行，以便隨時給予最好的照護。

年會那天，我看著佩菁在掌聲中緩緩地走到鋼琴前，用最純真的音樂表達她對如新的感激、對生命的熱愛，也許琴藝略微質樸，然聽者無不動容，即使小姑娘因為太過緊張，一度停頓了數秒，但當最後一個音符落下，現場一萬多名觀眾全部自動起立、熱烈鼓掌；那一刻，我真替佩菁感到驕傲。

她有一百個理由說Impossible，不能彈琴、不能去美國、不能……但她只告訴自己：I'm possible.而事情也就真的照她所想成就了，這就是信心的力量。

總裁小語錄

少說Impossible，相信I'm possible.

10. 成功有路，計畫為梯

在 我的工作模式中，「報表」是很重要的溝通工具。
我習慣把自己做的每件事、每項計畫，都用報表來管理，就像中小學生寫週記一樣，每星期交一份工作週報表給老闆，讓他知道我上星期做了哪些事？進度如何？需要哪些跨部門的協助？本週又有哪些工作計畫？預計如何進行？另外，每個月還有月報表，白紙黑字，交代得清清楚楚。

我除了自己這麼做，也要求部門同仁必須繳交工作報表，並在週會和月會時提出口頭報告，用意是讓同仁們瞭解彼此的工作狀況，以團隊合作取代個別競爭，追求共好共榮。也因此，在我的帶領下，業務團隊像個大家庭般，沒有肅殺之氣，只有相互的關懷與主動的協助，氣氛融洽且士氣高昂。

總裁小語錄

「報表」是很重要的溝通工具。

11. 永遠做最充足的準備

我英文進步的最大轉捩點是在3M工作時期。升為業務經理後，我必須直接對美籍總經理報告。當時3M每年至少舉行三次大型業務會報，每一次業務會報前，我一定會在前一天晚上，將所有資料準備好，製作成投影片，並預先演練。

我經常夢見報告時少說了什麼，或是睡到一半驚醒，想到投影片內容應該再加點什麼，或是應該怎麼說比較好。在重要的業務報告前一晚，我通常都睡不好，就像隔天要考試的學生一樣，如果要做一小時的報告，我多半會準備兩小時的資料內容，以備不時之需。

我做事始終抱持著一種心態——任何事都要對自己負責，沒有人應該幫你分擔，只有自己才能承擔自己的成敗；也因此，我一向自律甚嚴。在職場奮鬥了三十五年，如果我稱得上一點點成功的話，「自律的態度」肯定是關鍵之一。

「自律」首先表現在「守時」方面。三十幾年來，我不曾錯過任何一場必須到場的會議或活動，因為在我答應對方

出席的同時，已經把這個行程記錄在工作計畫表中。而且，我一定準時到場，並做好事前準備，確認自己在該場合裡應扮演什麼樣的角色，有什麼特定任務，該穿什麼樣的衣服，會遇見哪些人，要採取什麼樣的互動模式，每一個細節都要弄詳細、搞清楚，一來確保自己不至於失禮，二來希望每一回的出席對邀請者來說是有意義的，對自己而言也有所收穫。

這樣的習慣我一直保持至今，每天、每週、每月有什麼行程安排、有哪些計畫目標，都用鉛筆密密麻麻地記載在工作日誌上（我習慣用鉛筆，方便更動修改），隨時隨地做最好的準備，以防臨時手忙腳亂、不知所措。

像我每次出國，三天的行程至少會攜帶五天的衣服，就怕突然有什麼事要多耽擱幾天。有人認為我這樣做是在替自己找麻煩，但我始終相信：「多一分準備，少一分差池。」就算是替自己找麻煩，總比給別人添麻煩好。

替自己找麻煩，總比給別人添麻煩好。

12. 停止學習，停止成長

個成功者，絕不會在巔峰時就停止學習，而是靠不斷的學習、不斷的成長，創造持續的高成就。在職場上也一樣，老是想靠一招半式闖江湖，老是想著過去輝煌的成就而停止學習、停止成長，大概很快就會變成前浪死在沙灘上。

生活在快速變遷的大環境裡，停止學習就是停止成長，也就等於衰退、陷入困境。肯持續學習、主動出擊、精進勤奮的人，就能適應變化無常的環境；因為他們學會的是生活的本事，也是開展新局的基礎。

我一輩子的夢想，就是想拿個碩士學位，這個夢想在我五十六歲時，終於實現了。每次參加國際會議，看到很多人拿出顯赫的履歷，我也很想再去拿個碩士學位，但總因為工作繁忙，遲遲沒有行動。

在好友鼓勵下，後來終於排除萬難，念了南伊利諾大學的MBA。當時我不僅是班上最老的學生，也是職務最高的學生，整整兩年的時間，每個禮拜六、日，再加上平日兩天

的晚上，都要回到學校上課，還要寫報告、做論文。無論如
何，我終於在五十六歲那年，拿到我的碩士學位。

 總裁小語錄

> 成功者靠不斷的學習、不斷的成長，
>
> 創造持續的高成就。

13. 專家就是贏家

因為工作需要，於是，我參加了許多外語進修課程，練習商用英語會話等，但總覺得還缺少什麼，就在此時，一位在IBM上班的朋友，向我推薦了「英文演講家俱樂部」（Toastmasters）這個機構，現在它的中文名稱已改為「國際演講協會」，是一個非營利組織，為國際演講協會（Toastmasters International）的地區總會之一，宗旨是訓練會員演講技巧、琢磨溝通藝術、發揚語文趣味，以及培養領導人才。這個組織強調3S精神，也就是鼓勵會員要Stand up, Speak up, and Shut up，勇敢地站出來、說出來，並且懂得適可而止、要言不煩。

我聽了建議，二話不說就報了名。會員們每個星期固定有一次例會，每次例會的演練包括「講笑話訓練」、「即席問答訓練」、「指定演講訓練」、「個別講評訓練」、「總主持人訓練」、「總講評訓練」等，大家透過不同的進階套裝課程，增加面對大眾演說的自信，更學習到溝通及領導能力。

國際演講協會的活動設計得很活潑、很有意思，每次有不同的主題、每個人有不同的角色扮演，諸如擔任計票員、計時員、贅語記錄員、節目主持、個別講評、語言講評、總講評等；其中尤以「講評」這項任務最具啟發功能，因為在評論對方的同時，也使每位會員深深了解應在演說內容、組織和表達技巧等各方面如何謀求有效的改進。最後，經會員投票選出當次聚會中的最佳即席演說者、最佳有備演說者以及最佳講評人。

就在這樣密集的演練下，以及在工作場合中不斷地融會應用，我的英文程度幾乎可以用「突飛猛進」來形容，再也不是那個把Message寫成Massage的吳下阿蒙了。歷經系統化的學習，我學會了如何即席發表演說、如何做簡報、應該使用哪些輔助工具、如何使一場看似枯燥的演說變得趣味盎然，如何藉助肢體語言讓演說變得更生動豐富。

外商公司大部分都很愛開會，3M更是一年有多次的業務相關會議，有的在總公司開，有時在各地分公司開，出席這種國際性、菁英薈萃的場合，要讓別人看到你、認識你、接近你，最好的媒介除了微笑，就是共通的語言。當時，華人能在國際舞台上以英語做流暢表達的不多，我很自豪自己是少數之一，而這一切都是苦練的成果。我年輕時沒有喝過洋

墨水,但如今可以在任何場合和外國人侃侃而談,再一次證明了「事在人為」。

總裁小語錄

事在人為。

14. 訂目標的學問

根據哈佛大學做的一個統計：100位畢業生中有17位訂有目標，其中的14人沒有寫下來。十年後，這17人的收入是沒有訂立目標的83人平均收入的三倍；而那三位訂有目標而且寫下來的人，收入是那14人平均收入的十倍。

當你設定目標，意味著你不會盲目的過生活。目標就像人生的指南針，引導你一路朝理想前進。我在3M擔任業務主管八年，連續五年，業績達成率都是百分之百。這是非常不容易達成的目標，因為每年在訂定年度計畫時，公司都嚴格要求至少要有25％的成長，做過業務的人就知道這個標準有多高、壓力有多大，但是我做到了！

看著我年年達標，美國老闆笑我是「Sandbagger」，我知道他是用一種戲謔的方式讚美我，意思是他認為我每年應該都有能力做得更好，但卻好像是用沙袋把業績堵起來般，做到公司訂定的標準就停住，即使可能多出1％的營業額，也會設法把它留到下個年度，每次都控制得剛剛好。

許多人在擬定目標時，常犯了一個錯誤，就是設想得過

於樂觀。這麼多年的工作經驗，我深刻體會到，其實訂目標並不難，難的是能不能達成預設的目標，畢竟「想得到」和「做得到」之間，是有距離的。

總裁小語錄

訂目標並不難，難的是能不能達成預設的目標。

15. 以身作則，感動對方

我創立公關公司時，接到美國肉類出口協會的委託案，為了讓消費者親自體驗美國牛肉的特色，我們決定在各大百貨公司的超市舉辦試吃活動，肉質鮮不鮮、口感好不好，讓味蕾直接來告訴你。

我們刻意選擇百貨公司的賣場，沒有到量販店或菜市場，主要是強調頂級牛肉的高貴特質，攤位設在百貨公司，質感就出來了，再加上消費的人口也不一樣，我希望這個活動能命中目標，而不是亂槍打鳥。

在試吃現場，我帶領著臨時工作人員，示範煎牛排，取一片上等美國牛肉，兩面各煎三分鐘，然後撒上一點鹽，不放其他醬料，讓牛肉呈現最原始、柔嫩、甜美、多汁的肉質口感。

聞香而來的客人將攤位團團圍住，在爐火的燻烤下，我滿臉通紅，對映廚師服的白衣白帽格外明顯，即使在冷氣房裡，汗水依然濕透了衣服。此起彼落的詢問聲，人群中不斷探出的頭、伸出的手，眼前現場銷售的情境，讓我感覺好像

回到了當年開著小貨車、賣影印機……

　　我的老同學顧大年正巧來逛賣場，看我煎得起勁，竟說：「你可以做更重要的事，幹嘛來煎牛排？」我知道他們是替我覺得不捨，但我有什麼不能做的呢？送報、砍柴，這些苦力我都做過，比起來，在冷氣房煎牛排還輕鬆些呢！再說賣東西，不吹牛，我是專家，對待這麼重要的客戶、這麼重要的案例，還要擺什麼總經理架子？雖然我的同仁都很優秀，但我相信，親自上陣、以身作則是最好的，也是必要的。

　　看到我賣力地解說、烹調，美國AIT官員和肉類出口協會的代表都深受感動，連續四年皆委託我們公司執行公關專案。而經過我們的努力，百貨公司的超市特別闢出美國牛肉銷售專區，高檔牛排館也端出了頂級的肋眼牛排，讓消費者可以品嚐到風味絕佳的時尚料理，頂級美國牛肉就這樣成功地打開了市場。

　　如新公司在創立初期，引進的商品不多，因為賣得太快，還時常斷貨；而為了撙節開銷，用人方面也極為精簡，但每天湧進一堆人要加入、要提貨，前台的工作人員一人一雙手根本忙不過來，必要時，大家都得上第一線支援，我自己也經常在櫃臺補位，幫忙接訂單、發貨，有會員看到我跑

到前台，還興奮地跟我打招呼說：「總ㄟ，你也撩落來了喔！」

我放下身段的投入，某種部分也加深了他們對公司的支持，直銷商對於總經理幫他們服務，反應從詫異到驚喜都有，表情相當有趣。其實從以前到現在，我從不認為自己做到最高職位就可以高高在上，只動口不需動手，相反地，我經常身先士卒，把自己當成一塊磚，哪裡需要就往哪裡搬。

總裁小語錄

把自己當成一塊磚，哪裡需要就往哪裡搬。

16. 樹是澆冷水長大的

我經常到處演講，很多人都以為我是個天生的演講家，或是認為我在演講中，總會散發一種個人魅力，但其實這卻是經歷過一次難堪上台經驗的結果。

那時我在3M公司擔任業務經理，一次重要的年度業務會報上，台下坐的是3M的區域副總，以及財務部、行銷部和生產部門的高階主管。由於我所負責的業務成績不太理想，這些海外主管坐在台下，從各種不同角度提問，其中一位主管的問法很直接，讓我很難堪，他不斷質問我，讓我有點難以招架，腦子裡一片空白，之前準備好的資料，剎那間全部消失，一句話都說不出來，整整在台上停了兩三分鐘，不知如何是好，幸好後來有一位主管幫我解圍，表示應該先讓我下台看看資料，準備好之後再回到台上報告。

那次困窘的經驗，促使我下定決心好好學習如何用英文演講。被請下台不久後，我參加了「英文演講家俱樂部」，學習如何用英文演講及簡報技巧。「英文演講家俱樂部」裡有很多外國人，教你如何讓演說有個吸引人的開場白、如何

豐富演說內容、如何讓結論強而有力，同時也教導聲音的抑揚頓挫，善用肢體語言……等等。

那時，每個星期一下班後，我就到「英文演講家俱樂部」報到，學習全程用英語演講，持續練習了近三年。那是一個很好的學習經驗，在那段期間，無論英文和演說能力，我都有了很大的進步。而這樣的能力，對我日後的工作仍然大有幫助。

學習是無所不在的，在生活中可以學習，開車中可以學習，看電視也可以學習。開車時，我車上的廣播頻道永遠鎖定ICRT；為了增進自己說話的藝術，看電視時，我看的不是連續劇或綜藝節目，反而喜歡看國會質詢的新聞，看立委如何質詢、官員如何回應，如何將重點說出，又不會得罪立委，從中學習應對之道。

看電影，我也喜歡看律師辯護的電影類型，看被告和原告律師之間的攻防，看檢察官和律師最後的答詢，律師如何讓陪審團相信被告是無辜的，代表政府正義的檢察官又如何將被告定罪。我對劇情並不特別在意，而是關注和演說有關的情節，留意演講者的演說技巧與肢體語言。此外，我也喜歡看政治人物的演說，觀察他們如何挑起群眾情緒，引起群眾共鳴，也瞭解什麼樣的內容可以打動人心。

學習是無所不在的。

17. 把困難當挑戰

在我三十五年的職業生涯，總是一天接著一天；下一個工作緊接著上一個工作，從來沒有一天休息。在3M的十一年裡，只要你今年達成年度目標，下一個年度的目標就必須提升20％至25％，達成後，下一個年度又必須再提升20％至25％，永遠要往上爬。為什麼公司每年都要幫你加薪？就是因為你的業績表現；如果業績沒有提升，為什麼還要幫你加薪？這就是美國英雄主義的企業文化。

在美商企業，你和同仁之間的競爭就在於目標的達成度，達成了就是英雄，沒達成就是狗熊，他們會用各種方式激勵你達成目標。我記得在3M時，有個派駐香港的美籍主管曾經對我們說：「如果你們達成目標，我就到台灣當你的司機，接送你上下班一個禮拜。」

很多人受不了這種數字壓力因此放棄，當很多人因為無法達成業績目標而放棄、換工作時，我心裡想的卻是如何克服困難達成目標，因為我早已經習慣「挑戰困難」了。在3M期間，我的表現及業績達成度，讓我年年加薪，沒有一年例

外。然後我又會朝更高的數字目標努力邁進。在如新期間，我也要求同仁每天都要公布銷售數字。我每天上班第一件事，就是看前一天的銷售成績如何？這一週的業績如何？這個月的成績怎麼樣？每一天、每一月、每一年都在為追求數字目標而努力。

這就是我的一生，好像不斷在追求數字的達成。這麼多年來，我待的大部分都是美商公司，這種美國英雄主義的企業文化對我影響很大。我總想成為英雄，總是希望被認可、被表揚，總是很認真嚴肅地看待我的目標，然後全力以赴、達成目標。當事情落在我身上時，我會面對挑戰不逃避，找出解決方法並完成它。我的人生如果有什麼成功之處，我想就因為我勇於面對挑戰，並克服它吧！

總裁小語錄

勇於面對挑戰，並且克服它。

總裁小語錄：主動去敲顧客的門，門開了，機會就來了。

Intelligence 04

第一次做直銷就上手 ——周由賢談直銷

金塊 文化

作　　者：周由賢
發 行 人：王志強
總 編 輯：余素珠
美術編輯：JOHN平面設計工作室

出 版 社：金塊文化事業有限公司
地　　址：新北市新莊區立信三街35巷2號12樓
電　　話：02-2276-8940
傳　　真：02-2276-3425
E - m a i l：nuggetsculture@yahoo.com.tw

匯款銀行：上海商業銀行　新莊分行
匯款帳號：25102000028053
戶　　名：金塊文化事業有限公司

總 經 銷：商流文化事業有限公司
電　　話：02-2228-8841
印　　刷：群鋒印刷
初版一刷：2011年11月
定　　價：新台幣250元

國家圖書館出版品預行編目資料

第一次做直銷就上手：周由賢談直銷 / 周由賢著.
-- 初版. -- 新北市：金塊文化, 2011.11
面；　公分. -- (Intelligence；4)
ISBN 978-986-87380-4-1(平裝)
1.直銷

496.5　　　　　　　　　　　　　100021929

金塊●文化